Manojkumar Sheladiya

Análise de radiadores industriais para melhoria do desempenho

Manojkumar Sheladiya

Análise de radiadores industriais para melhoria do desempenho

ScienciaScripts

Imprint

Cover image: www.ingimage.com

This book is a translation from the original published under ISBN 978-3-659-82809-6.

Publisher:
Sciencia Scripts
is a trademark of
Dodo Books Indian Ocean Ltd. and OmniScriptum S.R.L publishing group

120 High Road, East Finchley, London, N2 9ED, United Kingdom
Str. Armeneasca 28/1, office 1, Chisinau MD-2012, Republic of Moldova, Europe
Printed at: see last page
ISBN: 978-620-8-17295-4

PREÂMBULO

Este livro contém informações e um estudo pormenorizado sobre os radiadores. Um radiador é um tipo de permutador de calor que extrai o calor do líquido de arrefecimento que passa através dele. Os radiadores são permutadores de calor utilizados para transferir energia térmica de um meio para outro, para arrefecer ou aquecer por convecção. A maioria dos radiadores é construída para utilização em veículos automóveis, edifícios e aparelhos electrónicos.

Este livro descreve todos os pormenores das peças mais importantes do radiador, tais como a tampa de pressão, o termóstato, a ventoinha, as mangueiras, a bomba de água, o reservatório do líquido de refrigeração, etc. O princípio de funcionamento do radiador é também brevemente explicado com os seus pontos positivos e negativos.

Este livro contém também uma comparação entre radiadores de cobre-latão e radiadores de alumínio com vários parâmetros, como a corrosão, a vida útil média, a reparação e manutenção de radiadores, o tamanho das alhetas e dos tubos, etc.

Neste livro, são avaliados vários aspectos, como a corrosão, a análise do preço e do valor de manutenção e a vida útil dos radiadores industriais. Os efeitos de vários parâmetros, como a alteração dos nanofluidos, a melhoria dos parâmetros de conceção, o pré-arrefecimento do ar e a análise informática do sistema atual, são apresentados neste livro para melhorar o desempenho dos radiadores industriais.

CAPÍTULO 1

INTRODUÇÃO

1.1 Radiadores

Um radiador é um tipo de permutador de calor. Foi concebido para transferir calor do líquido de refrigeração quente que passa através dele para o ar soprado pela ventoinha.

A maioria dos automóveis modernos utiliza radiadores de alumínio. Estes radiadores são fabricados através da soldadura de finas alhetas de alumínio em tubos de alumínio achatados. O líquido de refrigeração flui da entrada para a saída através de muitos tubos paralelos. As alhetas conduzem o calor dos tubos e transferem-no para o ar que passa pelo radiador.

Por vezes, é inserido nos tubos um tipo de alheta, conhecido como aba, para aumentar a turbulência do líquido que flui através dos tubos. Se o fluido passasse de forma muito uniforme através dos tubos, apenas o fluido que realmente toca nos tubos seria arrefecido diretamente. A quantidade de calor transferida do fluido que atravessa os tubos para os tubos depende da diferença de temperatura entre o tubo e o fluido que o toca. Por conseguinte, se o líquido em contacto com o tubo arrefecer rapidamente, é transferido menos calor.

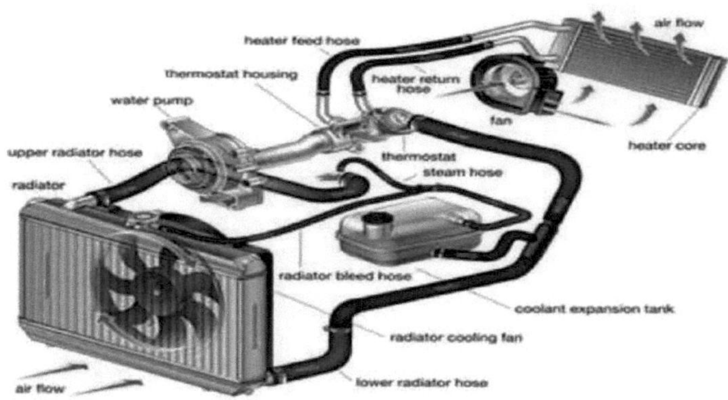

Fig. 1.1 Radiador

Ao criar turbulência no interior do tubo, todo o líquido se mistura e mantém elevada a temperatura do líquido que toca nos tubos, para que se possa extrair mais calor e para que todo o líquido no interior do tubo seja utilizado eficazmente.

Os radiadores têm normalmente um depósito de cada lado que contém um refrigerador da transmissão. Na ilustração abaixo, pode ver-se a entrada e a saída através das quais o óleo da transmissão entra no radiador. O radiador da transmissão é como um radiador dentro do radiador, exceto que o óleo não troca calor com o ar, mas com o líquido de refrigeração no radiador.

1.2 Necessidade de um radiador

De acordo com a segunda lei da termodinâmica, um motor térmico não pode ter uma eficiência térmica de 100%. O calor da fonte não é, portanto, 100% convertido em trabalho. Uma parte do calor é sempre transferida para o dissipador. Num veículo a motor, a energia é gerada pela combustão do combustível e do ar no motor. Apenas uma parte da energia total gerada alimenta efetivamente o automóvel com eletricidade - o resto é desperdiçado sob a forma de gases de escape e calor. Se este calor em excesso não for dissipado, a temperatura do motor torna-se demasiado elevada, o que leva ao sobreaquecimento e à degradação da viscosidade do óleo lubrificante, ao enfraquecimento dos metais das peças do motor sobreaquecidas e a tensões entre as peças do motor, que, entre outras coisas, resultam num desgaste mais rápido.

O radiador regula, assim, a temperatura da superfície do motor e garante uma eficiência óptima.

1.3 Sistema de arrefecimento

Quando um motor está a funcionar, são geradas enormes quantidades de calor. As temperaturas da combustão interna atingem frequentemente os 4500 graus. O sistema de arrefecimento tem de evitar o sobreaquecimento do motor, mesmo que a temperatura exterior seja de 110 graus à sombra. Sem arrefecimento suficiente, o motor acabaria por queimar e danificar os pistões e deformar ou queimar as válvulas e as cabeças dos cilindros. Sem o sistema de arrefecimento, o bloco do motor tornar-se-ia uma massa incandescente de metal fundido. E o calor excessivo pode também degradar o óleo do motor ao ponto de este deixar de lubrificar corretamente.

A combustão da mistura combustível-ar nos cilindros gera calor, o que cria uma pressão elevada que empurra o pistão para baixo no curso de potência. Nem todo este calor pode ser

é convertido em trabalho útil no pistão e tem de ser removido para evitar que as peças móveis fiquem presas. Esta é a tarefa do sistema de arrefecimento. A maioria dos motores é arrefecida por líquido.

Um sistema de arrefecimento por líquido utiliza líquido de arrefecimento - um líquido que contém químicos especiais misturados com água. O líquido de refrigeração flui através de canais no motor e através de um radiador. O radiador absorve o líquido de arrefecimento quente do motor e baixa a sua temperatura. O ar que circula à volta e através do radiador extrai o calor do líquido de arrefecimento. O líquido de arrefecimento com a temperatura mais baixa é reintroduzido no motor através de uma bomba e o arrefecimento a ar é comum em motores de combustão mais pequenos. Alguns motores utilizam aletas de arrefecimento. Estas são concebidas para maximizar a área de superfície exposta, de modo a que mais energia térmica possa ser irradiada e removida pelas correntes de convecção no ar. Alguns motores também utilizam uma ventoinha que direciona o ar sobre as aletas de arrefecimento.

Fig. 1.2 Sistema de arrefecimento

A função do sistema de arrefecimento é manter o motor à sua temperatura de funcionamento mais eficiente a todos os regimes do motor e sob todas as cargas do motor/condições de condução.

1.3.1 Arrefecimento do ar

O arrefecimento a ar é comum nos motores de combustão mais pequenos. Podem ser pequenos, mas continuam a gerar muito calor.

É o ar que fornece o arrefecimento, pelo que um sistema de arrefecimento a ar é normalmente simples. Isto é útil num motor em que o peso é importante e funciona melhor em motores expostos a um elevado fluxo de ar.

No passado, quase todas as motos eram arrefecidas a ar, mas as motos modernas são maiores e mais complexas, e algumas são agora arrefecidas a líquido.

Alguns motores utilizam as chamadas aletas de arrefecimento. Estas são concebidas de forma a que a área de superfície exposta seja tão grande quanto possível, permitindo que mais energia térmica seja irradiada e dissipada pelas correntes de convecção no ar. Quanto mais ar flui sobre as aletas de arrefecimento, mais calor é dissipado. Num veículo que circula a alta velocidade, o fluxo de ar sobre o motor é elevado. A baixa velocidade ou em marcha lenta, o calor acumula-se. Nesse caso, o motor precisa de ajuda. O ar deve poder circular sempre eficazmente à volta do motor. Uma forma de dissipar o calor é utilizar uma ventoinha com coberturas e condutas que canalizam o ar para os cilindros.

Existem muitos locais onde uma ventoinha pode ser montada e muitas formas de a acionar. Nalguns motores, por exemplo, está localizada no volante do motor e é acionada por correias em V na cambota.

Fig. 1.3 Arrefecimento do ar

1.3.2 Arrefecimento líquido

Esta secção trata dos sistemas de arrefecimento por líquido em motores a gasolina e a diesel.

Neste sistema de arrefecimento líquido muito simples, o líquido de arrefecimento é armazenado num radiador e no motor. Quando o motor aquece, a circulação natural começa quando o líquido de refrigeração sobe através do bloco do motor por convecção. É canalizado através da mangueira superior para o radiador. No radiador, o calor é extraído do líquido de refrigeração à medida que este se afunda de cima para baixo. Quando atinge o fundo, flui de volta para o motor através da mangueira inferior do radiador.

Nos automóveis modernos, os motores são mais potentes e os radiadores são baixos e largos, pelo que um processo de termossifão não poderia transportar o líquido de refrigeração com rapidez suficiente.

Em vez disso, uma bomba de água força a água para dentro do bloco do motor através de canais conhecidos como camisas de água. Esta recolhe o calor por condução e aquece-se a si própria. O líquido de refrigeração aquecido flui então de volta para o radiador para arrefecimento. E o ciclo repete-se. O calor é extraído do motor e dissipado. Uma das funções do sistema de arrefecimento é evitar o sobreaquecimento.

Também ajuda o motor a atingir a sua temperatura de funcionamento óptima o mais rapidamente possível.

Todos os motores têm uma temperatura a que funcionam melhor. Abaixo desta temperatura, a ignição e a combustão podem ser difíceis. A maior parte do desgaste e da contaminação do motor ocorre durante esta fase de aquecimento.

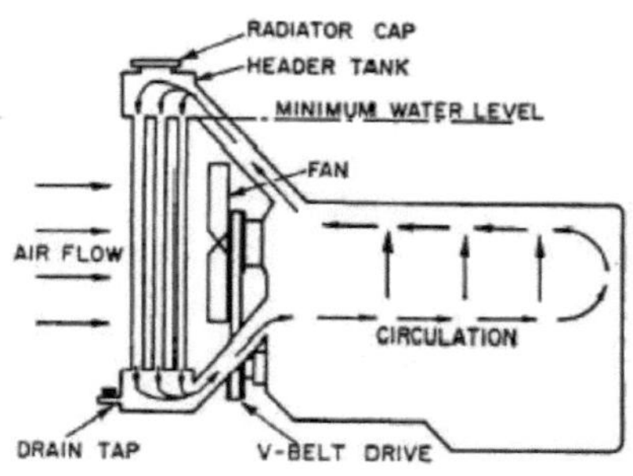

Thermo-syphon system.

Uma das funções do termóstato é encurtar a fase de aquecimento. Funciona em função da temperatura do líquido de refrigeração. Quando o líquido de arrefecimento está frio, está fechado.

Quando um motor frio arranca, o líquido de refrigeração é
circula no interior do bloco do motor e da cabeça do cilindro e através de uma derivação do líquido de refrigeração para a entrada da bomba de água. Não pode entrar no radiador.

À medida que o motor aquece, o líquido de refrigeração retido no motor torna-se cada vez mais quente, abrindo o termóstato e permitindo que o líquido de refrigeração quente flua para o radiador.

1.4 NOÇÕES BÁSICAS DE TRANSFERÊNCIA DE CALOR

"Sempre que existe uma diferença de temperatura entre dois ou mais meios ou dentro de um meio, ocorre transferência de calor. A transferência de calor é definida como a energia térmica que é transferida devido a uma diferença de temperatura espacial.

O motor de combustão interna funciona através da conversão de energia térmica em energia cinética. Existem muitas formas de o fazer, umas melhores do que outras. Mas por muito eficiente que seja este processo, e por muito grande que seja o motor, a energia térmica gerada nunca é totalmente convertida em energia cinética. Perde-se sempre alguma energia.

Isto aplica-se certamente aos motores de combustão, onde apenas cerca de um terço do calor gerado é convertido em energia mecânica que move o pistão e faz girar a cambota. Outro terço é desperdiçado nos gases de escape. O restante tenta dispersar-se

em torno do motor. Existem três mecanismos principais de transferência de calor, que são classificados de acordo com o mecanismo físico sob o qual o processo de transferência ocorre;

1. Gestão,

2. Convecção e

3. Radiação.

1.4.1. Gestão

A condução térmica é a transferência de energia das partículas mais energéticas de uma substância para as partículas vizinhas, menos energéticas, em resultado das interações entre as partículas. A condução de calor pode ter lugar em sólidos, líquidos ou gases. Nos gases e líquidos, a condução deve-se às colisões e à difusão das moléculas que se movem aleatoriamente. Nos sólidos, deve-se à combinação das vibrações das moléculas numa rede e ao transporte de energia pelos electrões livres.

Uma bebida fria de uma lata numa sala quente, por exemplo, acabará por aquecer até à temperatura ambiente, uma vez que o calor é transferido da sala para a bebida através da lata de alumínio por condução térmica. A velocidade da condução de calor através de um meio depende da geometria do meio, da sua espessura e do material do meio, bem como da diferença de temperatura no meio.

Sabemos que envolver um cilindro de água quente com lã de vidro (um material isolante) reduz a perda de calor do cilindro. Quanto mais espesso for o isolamento, menor será a perda de calor. Também sabemos que um depósito de água quente perde mais calor quando a temperatura da divisão onde se encontra o depósito desce. Quanto maior for o depósito, maior será a área de superfície e, por conseguinte, maior será a taxa de perda de calor.

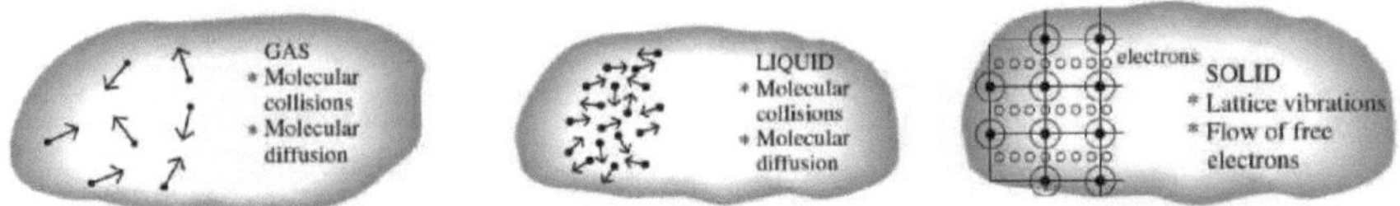

Fig.1.6 O mecanismo de condução de calor em diferentes fases de uma substância

1.4.2. Convecção

A convecção é a transferência de energia entre uma superfície sólida e o líquido ou gás vizinho em movimento e envolve os efeitos combinados da condução de calor e do movimento do fluido. Quanto mais rápido for o movimento do fluido, maior será a transferência de calor por convecção. Se não houver movimento do fluido, a transferência de calor entre uma superfície sólida e o fluido vizinho ocorre por pura condução. A presença de movimento do fluido melhora a transferência de calor entre a superfície sólida e o fluido, mas também torna mais difícil determinar as taxas de transferência de calor.

A convecção é designada **por convecção forçada** quando o fluido é forçado a fluir sobre a superfície por meios externos, como uma ventoinha, uma bomba ou o vento. Em contrapartida, a convecção é designada **por convecção natural** (ou **livre**) quando o movimento do fluido é provocado por forças de flutuação causadas por diferenças de densidade devidas a variações de temperatura no fluido. Por exemplo, se não houver ventoinha, a transferência de calor da superfície do bloco quente para o interior é feita por convecção natural, uma vez que qualquer movimento do ar neste caso se deve à subida do ar mais quente (e, portanto, mais leve) perto da superfície e à descida do ar mais frio (e, portanto, mais pesado) que toma o seu lugar. A transferência de calor entre o bloco e o ar circundante ocorre por condução se a diferença de temperatura entre o ar e o bloco não for suficientemente grande para vencer a resistência ao movimento do ar e, assim, pôr em movimento as correntes de convecção natural.

Os processos de transferência de calor que estão associados a uma mudança de fase de um fluido são também referidos como convecção devido ao movimento resultante do fluido, por exemplo, a subida de bolhas de vapor durante a ebulição ou o afundamento de gotículas de líquido durante a condensação.

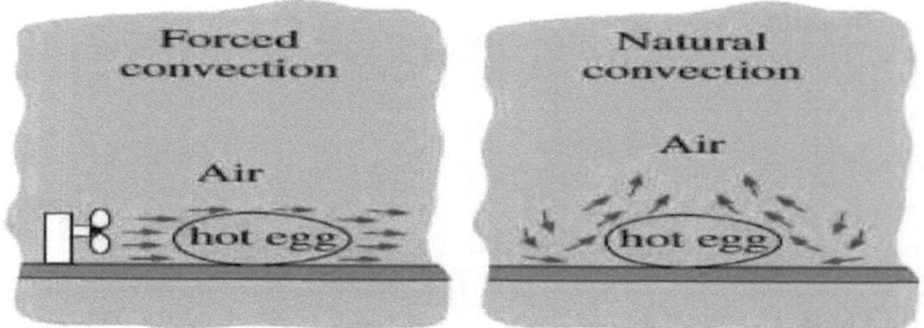

Fig. 1.7 Arrefecimento de um ovo cozido por convecção forçada e natural

1.4.3. Radiação

A radiação é a energia emitida pela matéria sob a forma de ondas electromagnéticas (ou fotões) em resultado de alterações nas configurações electrónicas de átomos ou moléculas. Ao contrário da condução e da convecção, a transferência de energia por radiação não necessita de um meio intermédio. De facto, a transferência de energia por radiação é a mais rápida (à velocidade da luz) e não sofre atenuação no vácuo. É assim que a energia do Sol chega à Terra.

A transferência de calor, ou radiação térmica, é a forma de radiação emitida pelos corpos devido à sua temperatura. É diferente de outras formas de radiação electromagnética, como os raios X, os raios gama, as micro-ondas, as ondas de rádio e as ondas de televisão, que não dependem da temperatura. Todos os corpos com uma temperatura superior ao zero absoluto emitem radiação térmica.

A radiação é um fenómeno volumétrico, e todos os sólidos, líquidos e gases emitem, absorvem ou transmitem radiação em graus variáveis. No entanto, para os sólidos que são impermeáveis à radiação térmica, como os metais, a madeira e as rochas, a radiação é normalmente considerada um fenómeno de superfície, uma vez que a radiação emitida a partir das regiões internas desse material nunca pode atingir a superfície e a radiação que incide nesses corpos é normalmente absorvida pela superfície em poucos micrómetros.

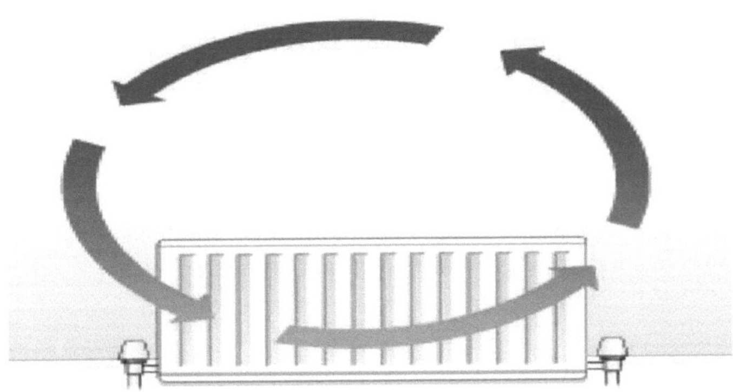

Fig. 1.8 Radiação

1.5 PERMUTADOR DE CALOR

Um permutador de calor estacionário consiste num fluido que flui através de um tubo ou de um sistema de tubos, transferindo calor de um fluido para outro. Os permutadores de calor são muito comuns na vida quotidiana e podem ser encontrados em quase todo o lado. Alguns exemplos comuns de permutadores de calor são os aparelhos de ar condicionado, os radiadores dos automóveis e um aquecedor de água. A Figura 1.4 apresenta um diagrama esquemático de um permutador de calor simples. Um líquido flui através de um sistema de tubos e absorve e retira calor de um líquido mais quente. Essencialmente, o calor é trocado do fluido mais quente para o fluido mais frio.

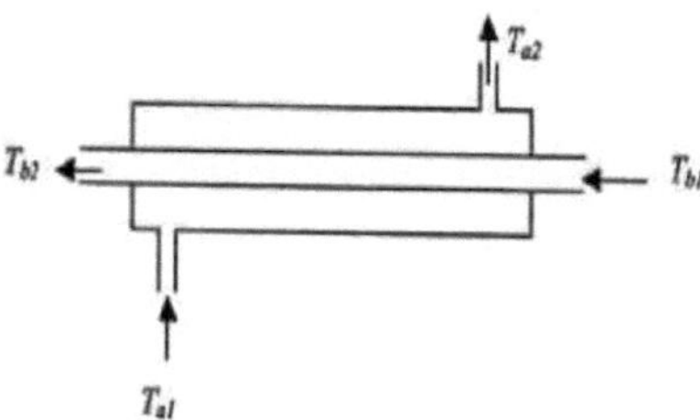

Fig. 1.9 Permutador de calor simples

1.6 . RADIADOR INDUSTRIAL

Muitos radiadores estão localizados na parte da frente do veículo, na área de maior fluxo de ar. O ar dissipa o calor e arrefece o fluido antes de regressar para absorver mais calor do motor.

O local onde o radiador é montado também depende do espaço disponível, ou seja, da forma como o motor está instalado. Um depósito de recolha pode ser montado longe do radiador, onde assegura o fornecimento de líquido de refrigeração e é armazenado acima do motor. Pode ser feito de chapa metálica ou de plástico endurecido.

A geleira tem 2 depósitos e um núcleo.

Os materiais utilizados para o radiador devem ser bons condutores de calor, como o latão ou o cobre. O latão e o cobre são frequentemente utilizados para os reservatórios, combinados com um núcleo de cobre.

Nos veículos modernos, os reservatórios de plástico são frequentemente utilizados em combinação com um núcleo de alumínio. Desta forma, poupa-se peso e garante-se uma boa transferência de calor.

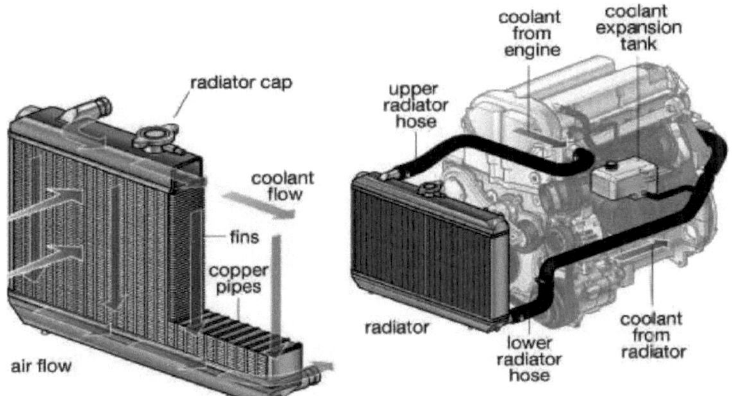

Fig. 1.10 Partes principais do radiador

O núcleo é constituído por uma série de tubos que transportam o líquido de refrigeração entre os dois tanques. Os tubos podem **fluir verticalmente para baixo** ou **horizontalmente**.

Um radiador de fluxo cruzado adapta-se mais facilmente sob um capot com uma inclinação acentuada.

No núcleo, pequenas e finas aletas de arrefecimento estão em contacto com os tubos. A forma das aletas aumenta a área de superfície exposta ao ar.

Quando o fluido de arrefecimento toca as paredes do tubo e os tubos tocam as alhetas, o calor é extraído do fluido de arrefecimento por condução, depois por radiação e convecção na superfície das alhetas. O ar que passa transporta o calor para longe.

O fluido sai do refrigerador na parte inferior do radiador. Flui através da mangueira inferior do radiador para a entrada da bomba de água e depois de volta para o motor.

1.7 TIPOS DE RADIADORES

A classificação é a seguinte.

I. Classificação de acordo com o rio

> Radiadores de fluxo vertical

> Radiadores horizontais de fluxo cruzado

II Classificação com base na aplicação

>Radiador para automóveis
>Radiadores **electrónicos** ou de circuitos
>Radiadores **industriais**
>Radiadores para aquecimento de espaços domésticos, tais como
^ Radiadores de parede

Radiadores planos
Radiadores hospitalares
Radiador vintage

III **Classificação de acordo com o material**

>Radiadores de ferro fundido
>Radiadores de **cobre** e latão
>Radiador de alumínio

Fig. 1.11 Radiador vertical de fluxo descendenteFig. 1. 12 Fluxo cruzado horizontal Radiadores

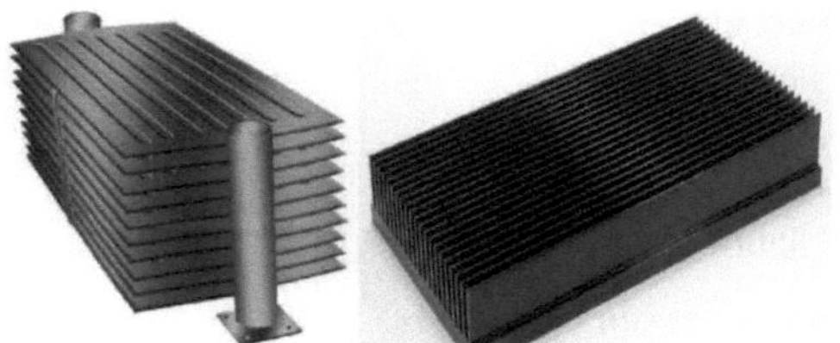

Fig. 1.13 Elemento de aquecimento do sistema eletrónico ou do circuito

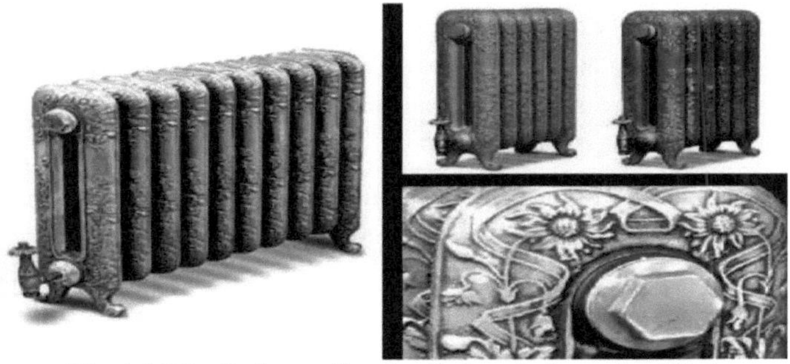

Fig. 1.14 Radiador antigo [radiador de ferro fundido]

Fig. 1.15 Radiadores industriais

1.8 Componentes do radiador

1.8.1 Tampa de pressão do radiador

Se o líquido de refrigeração ferver, isso pode ser tão grave para um motor como o congelamento.

O líquido de refrigeração em ebulição na camisa de água transforma-se em vapor. O líquido deixa de entrar em contacto com as paredes do cilindro ou com a cabeça do cilindro. A transferência de calor por condução é interrompida. O calor acumula-se, o que pode causar danos graves.

Uma forma de o evitar é uma tampa do radiador pressurizada, que altera a temperatura de ebulição da água através da aplicação de pressão.

Quando a temperatura do líquido de refrigeração aumenta, o líquido de refrigeração expande-se e a pressão no radiador aumenta, o que eleva o ponto de ebulição da água.

A temperatura do motor continua a subir e o líquido de refrigeração expande-se ainda mais. A pressão acumula-se contra uma válvula de mola na tampa do radiador até a válvula abrir a uma determinada pressão.

Num sistema de recuperação, o líquido de refrigeração quente flui para um depósito de transbordo. Quando o motor arrefece, o líquido de refrigeração contrai-se e a pressão no radiador diminui. A pressão atmosférica no depósito de transbordo abre então uma segunda válvula, uma válvula de ventilação a vácuo, e o líquido de refrigeração que transborda flui de volta para o radiador.

Este sistema impede que se crie vácuo no radiador e que a pressão atmosférica provoque o colapso das mangueiras do radiador.

Fig. 1.16 Tampa de pressão do radiador

1.8.2 Interruptor térmico

Um interrutor térmico abre e fecha consoante os valores de temperatura predefinidos. Alguns são mecânicos, outros são eléctricos. Pode ser concebido para se desligar quando a temperatura sobe acima de um determinado nível, ou pode ser concebido para se ligar quando a temperatura atinge um determinado nível.

Os interruptores térmicos podem funcionar de acordo com o princípio bimetálico. Consiste em dois metais ou ligas diferentes que estão ligados um ao outro. À medida que os diferentes metais e ligas aquecem e arrefecem,

Expandem-se e contraem-se de forma diferente. Isto significa que, quando são unidas e depois aquecidas, a expansão mais rápida de uma delas força toda a tira a assumir uma forma curva.

Quando a tira muda de forma, pode ser concebida para fechar um circuito, e um sinal elétrico resultante pode então cumprir uma série de tarefas, ou pode ter um efeito mecânico, abrindo simplesmente uma passagem.

O arrefecimento tem então o efeito contrário. O circuito é interrompido e a passagem é fechada.

Fig. 1.17 Interruptor térmico

1.8. 3Termostato

O termóstato ajuda o motor a aquecer. Está localizado em posições diferentes em motores diferentes.

Trata-se de uma válvula que funciona em função da temperatura do líquido de refrigeração. Quando o líquido de refrigeração está frio, uma mola mantém a válvula fechada.

Quando um motor frio arranca, o líquido de refrigeração circula no interior do bloco do motor e da cabeça do cilindro e através de uma derivação do líquido de refrigeração para a entrada da bomba de água. Não pode entrar no radiador. À medida que o motor aquece, o líquido de refrigeração no motor torna-se cada vez mais quente.

Este termóstato contém uma substância cerosa que se expande à medida que o motor se aproxima da sua temperatura de funcionamento. Isto abre a válvula. O líquido de refrigeração começa a fluir para o radiador.

Os termóstatos têm um pequeno orifício ou válvula para libertar o ar preso no bloco do motor. Neste orifício é inserido um pino oscilante para evitar que fique bloqueado.

O líquido de refrigeração aquecido é bombeado para fora de uma saída na cabeça do cilindro. É canalizado para a mangueira superior do radiador e depois para o radiador.

Fig. 1.18 Termóstato

1.8.4 Ventoinhas de arrefecimento

Num veículo que circula a alta velocidade, o fluxo de ar através do radiador arrefece o líquido de arrefecimento, mas a baixa velocidade ou quando o motor está ao ralenti, um fluxo de ar adicional provém de uma ventoinha.
As ventoinhas podem ser acionadas de diferentes formas. Cada vez mais, nos veículos modernos, é utilizada uma ventoinha eléctrica. Os automóveis com ar condicionado têm frequentemente ventoinhas adicionais.

As ventoinhas eléctricas podem ser colocadas atrás do radiador, à frente do radiador ou em ambos. Esta disposição seria difícil com uma ventoinha acionada por correia. Algumas ventoinhas podem ser acionadas pela cambota.

Com um motor instalado longitudinalmente, a ventoinha é normalmente montada no veio da bomba de água. A correia de transmissão faz rodar a bomba de água e a ventoinha. As pás da ventoinha podem ser rígidas ou flexíveis. As pás rígidas são normalmente ruidosas e consomem mais energia. Este ruído pode ser reduzido através de um espaçamento irregular entre as pás da ventoinha.

Alguns veículos utilizam uma cobertura para canalizar todo o ar que a ventoinha move através do núcleo do radiador. A velocidades elevadas, muito ar já está a passar pelo radiador. Se a ventoinha estiver sempre a funcionar a toda a velocidade, isso é um desperdício de energia. E uma vez que o motor acciona a ventoinha, é também um desperdício de combustível. Por isso, precisamos de uma forma de controlar a ventoinha.

Um interrutor sensível ao calor que entra em contacto com o líquido de refrigeração pode funcionar como um termóstato e ligar e desligar a ventoinha em função da temperatura do líquido de refrigeração. Outra forma de alterar a velocidade da ventoinha é utilizar um cubo viscoso. Este tipo de ventoinha desliza quando o motor está frio, mas à medida que o motor aquece, desliza cada vez mais.

Fig. 1.19 Ventilador do radiador

1.8.5 Mangueiras do radiador

O líquido de refrigeração é canalizado através de todo o sistema de refrigeração por meio de mangueiras. Na maioria dos veículos, o motor é montado em suportes flexíveis para reduzir o ruído e a vibração. Como o radiador está ligado à carroçaria, são necessárias mangueiras flexíveis para encaminhar o líquido de arrefecimento para o sistema de aquecimento, que está normalmente localizado no interior do veículo. O diâmetro das mangueiras de refrigeração depende da quantidade de líquido de refrigeração que está a ser utilizada.

através delas. As mangueiras do aquecedor têm um volume mais pequeno. Todas as mangueiras estão expostas ao líquido de refrigeração quente e a temperaturas elevadas sob o capot e podem ficar danificadas e avariar.

Fig. 1.20 Mangueiras do radiador

1.8. 6Sistema de recuperação

Um sistema de recuperação mantém o líquido de refrigeração sempre no sistema. Quando a temperatura do motor aumenta, o líquido de refrigeração expande-se. A pressão acumula-se contra uma válvula na tampa do radiador até a válvula abrir a uma determinada pressão. O líquido de refrigeração quente flui para um depósito de transbordo. Quando o motor arrefece, o líquido de refrigeração contrai-se e a pressão no radiador diminui. A pressão atmosférica no depósito de transbordo abre uma segunda válvula e o líquido de refrigeração que transborda volta a entrar no radiador.

Fig. 1.21 Sistema de recuperação

1.8.7 Bomba de água

A bomba de água está normalmente localizada na frente do bloco de cilindros, acionada por correia através de uma polia, na frente da cambota. Uma mangueira liga-a à base do radiador, de onde sai o líquido de refrigeração.

Tem lâminas em forma de ventoinha num rotor ou impulsor. O líquido de refrigeração entra no centro da bomba. O rotor gira e a força centrífuga move o líquido para o exterior. Este é forçado a entrar nos canais de arrefecimento, as chamadas camisas de água, através da saída. As camisas de água são canais no bloco do motor e na cabeça do cilindro que rodeiam os cilindros, as válvulas e as aberturas. O líquido de arrefecimento também pode ser canalizado para pontos quentes, como os orifícios de escape na cabeça do cilindro, para evitar o sobreaquecimento local.

Fig. 1.22 Bomba de água

CAPÍTULO 2

REVISÃO DA LITERATURA E TRABALHOS DE INVESTIGAÇÃO

2.1 Revisão da literatura

"Radiador blindado"

"Jones Leo H. e Cooper Christopher J." (18 de dezembro de 1996)

A presente invenção fornece uma estrutura leve mas fiável e um método para proteger os painéis do radiador de contaminantes ou perigos, tais como detritos espaciais voadores. Um aspeto da invenção é um painel de radiador blindado para uma nave espacial. Pelo menos um tubo está ligado a uma primeira superfície do painel do radiador e uma ou mais blindagens estão dispostas sobre o tubo. Deve existir um espaço entre a proteção e o tubo, caracterizado por um espaçador. Duas extremidades do tubo podem ser ligadas a um módulo de uma nave espacial, de modo a que o líquido de arrefecimento possa circular do módulo para o painel do radiador e de volta para o módulo. Este painel radiador blindado pesa menos do que os painéis radiadores convencionais, mas é igualmente fiável.

São consideradas duas configurações para a proteção dos tubos. A primeira configuração é uma proteção de uma só peça que cobre todos os tubos. O tubo do radiador é protegido de um lado pela cobertura do radiador e do lado oposto pela proteção. Embora o tubo esteja em contacto direto com a cobertura do radiador, existe um espaço inicial entre o tubo e a blindagem. A extremidade da blindagem pode separar a extensão da primeira distância da cobertura do radiador e, assim, envolver os tubos de calor. A segunda configuração utiliza múltiplos segmentos de blindagens mais pequenas dispostas de modo a seguir o trajeto do tubo. Neste método, a blindagem é reduzida ao tamanho necessário para cobrir os tubos e manter a primeira distância entre o tubo e a blindagem. Nesta configuração, partes significativas da cobertura do radiador podem ficar expostas. No entanto, é pouco provável que um impacto nas áreas expostas da cobertura do radiador afecte a função de dissipação de calor da cobertura.

Outro aspeto da invenção é um painel de radiador blindado com pelo menos um tubo de radiador com extremidades flexíveis. Cada extremidade flexível está disposta num ou à volta de um primeiro bordo do painel do radiador. O painel do radiador pode ser ligado a um módulo no primeiro bordo por, pelo menos, uma dobradiça. Mais uma vez, as extremidades flexíveis dos tubos estão ligadas à nave espacial de modo a que a nave espacial e os tubos formem um circuito. Desta vez, a dobradiça e as extremidades flexíveis dos tubos

As extremidades proporcionam a liberdade de movimento necessária para apoiar o revestimento do radiador numa parede do módulo. Ao mesmo tempo, esta liberdade de movimento também permite que o revestimento do radiador seja rodado em torno do eixo da dobradiça para uma posição estendida. Na posição estendida, a superfície do radiador deixa de estar em contacto com a parede do módulo. Como já foi descrito, pelo menos uma proteção cobre o tubo. Também aqui se aplica uma primeira distância aos tubos. Uma outra forma de realização da invenção prevê que pelo menos uma proteção cubra as secções do espaço entre a placa do radiador e o módulo. A blindagem da fenda está disposta acima da secção da fenda a uma segunda distância, que é igual ou diferente da primeira distância. De preferência, um primeiro obturador ligado ao obturador do radiador cobre a secção da fenda do lado do obturador, enquanto um segundo obturador ligado ao módulo cobre a secção da fenda do lado do módulo. As extremidades livres das duas coberturas das aberturas permitem que o revestimento do radiador seja dobrado para uma posição de armazenamento. Quando a carenagem do radiador é rodada para a sua posição desdobrada, a cobertura da abertura fixada à carenagem roda com a carenagem até a sua extremidade livre se sobrepor à extremidade livre da cobertura da abertura fixada ao módulo. Isto ajuda a proteger a área da abertura quando o painel está na posição estendida. O painel do radiador blindado exposto pode reduzir significativamente a quantidade de material necessário para proteger o tubo do radiador. Além disso, a fiabilidade do revestimento do radiador não é comprometida, uma vez que a blindagem separada por uma distância dos tubos proporciona uma melhor proteção contra danos de impacto do que o reforço sólido dos tubos. Além disso, a montagem dos tubos numa superfície plana do painel é mais fácil do que embutir os tubos em duas secções espessas do painel.

"Filtro de fluido do radiador"

"Ilan Z. Golan". (28.11.1992)

O objetivo da presente invenção é fornecer um dispositivo de filtragem que evite que impurezas, partículas e afins prejudiciais entrem nos tubos do radiador e se depositem neles.

É também um objetivo da presente invenção fornecer um meio rentável de manter o desempenho ótimo de um sistema de arrefecimento.

Um outro objetivo da presente invenção é proporcionar um meio rentável de prolongar a vida útil do radiador.

Um outro objetivo da presente invenção é fornecer uma caraterística de segurança adicional para proteger as pessoas de ficarem encalhadas ou feridas em auto-estradas e estradas.

Um outro objetivo da presente invenção é evitar o desperdício desnecessário de recursos naturais utilizados para a construção de radiadores de substituição desnecessários.

Estes e outros objectivos da presente invenção são alcançados por um dispositivo de filtragem para o sistema de arrefecimento, no qual o dispositivo de filtragem é inserido em linha com uma mangueira do radiador que liga o termóstato ao radiador. Uma pequena secção central da mangueira do radiador é cortada e substituída pelo dispositivo de filtragem, que é fixado com um dispositivo de aperto para manter o dispositivo de filtragem firmemente em posição. Quando o fluido de arrefecimento da água no motor é libertado pelo termóstato, flui através da mangueira do radiador e entra numa entrada do dispositivo de filtragem. O líquido passa através de um filtro com pequenas aberturas. Estas aberturas permitem a remoção de impurezas e outros materiais do fluido sem restringir significativamente o fluxo do fluido. Assim, um fluido refrigerante de água flui para o radiador sem grandes impurezas, reduzindo a probabilidade de formação de depósitos nos tubos do radiador.

Na forma de realização preferida, o crivo do filtro consiste numa superfície filtrante com aberturas e abas parcialmente pré-cortadas que se abrem assim que a pressão do fluxo contra o crivo do filtro excede a resistência ao fluxo das abas pré-cortadas. Esta caraterística de segurança opcional evita que o filtro fique completamente obstruído e provoque um bloqueio no radiador, o que, por sua vez, pode provocar o rebentamento das mangueiras ou dos vedantes do motor.

"Construção da ventoinha do radiador"
"Joseph V. Matucheski, Indianápolis". (10/6/1977)

A presente invenção diz respeito a uma construção de ventoinha que é particularmente adequada para o sistema de arrefecimento de um motor de combustão interna. Os modelos modernos de ventoinhas utilizam frequentemente um acionamento viscoso que liga rotativamente o motor à ventoinha do radiador. O acionamento é controlado pela temperatura, de modo que a necessidade de arrefecimento do motor determina o grau de acoplamento entre o motor e a ventoinha. Desta forma, a energia que a ventoinha extrai do motor é melhor adaptada às necessidades de arrefecimento do motor, o que resulta num menor consumo de combustível. No entanto, as embraiagens de transmissão viscosa requerem um arrefecimento frequente para manter a integridade do seu fluido de corte e de outras peças mecânicas rotativas. Por este motivo, muitos accionamentos viscosos estão equipados com aletas de arrefecimento para ajudar na dissipação do calor.

no fluido de cisalhamento. De acordo com a prática da presente invenção, tais disposições de acoplamento são melhoradas por uma conceção de ventoinha que faz com que um fluxo de ar passe sobre as aletas de arrefecimento de uma ventoinha viscosa ou de outro tipo, tudo com o objetivo de aumentar a taxa de transferência de calor do fluido de corte para as condições ambientais.

"Materiais de aletas para radiadores de automóveis"
"Hajime Sasaki, Shinichi Nishiyama". (28/5/1985)

De acordo com a presente invenção, este objetivo pode ser alcançado utilizando uma liga de cobre que contenha menos de 0,5% em peso de chumbo, 0,001 a 0,08% em peso de um ou mais elementos selecionados do grupo que consiste em prata, cádmio, crómio, magnésio, manganês, níquel, antimónio, estanho, zinco e elementos de terras raras, e o restante cobre.

"Sistema de lavagem do radiador para veículos a motor e método de utilização"

"Adam Awad. (12/8/2003)

Um método de substituição do fluido do radiador num radiador de um veículo motorizado inclui a disponibilização de dois recipientes estanques ao gás, uma mangueira de transporte de fluido com um bocal estanque ao gás que é inserido num gargalo de enchimento do radiador. O método inclui ainda as etapas de enchimento de um dos recipientes com fluido fresco do radiador, aplicação de um vácuo elevado a um segundo dos recipientes, extração do fluido gasto do radiador para o segundo dos recipientes utilizando apenas a força de sucção do recipiente, deixando assim o radiador do veículo sob vácuo parcial, e depois extração do fluido fresco do radiador do primeiro dos recipientes para o radiador utilizando apenas a força de sucção do vácuo parcial no radiador. Um objetivo primário da presente invenção é fornecer um aparelho e um método de utilização de tal aparelho que proporcione vantagens não ensinadas pela arte anterior. Um outro objetivo é fornecer tal invenção capaz de extrair fluidos entre os recipientes e um radiador automóvel para limpeza e reabastecimento com apenas um vácuo inicial em um ou mais recipientes.Um outro objetivo é proporcionar uma invenção capaz de ser rápida e facilmente modificada para várias aplicações. Um outro objetivo é avaliar uma invenção capaz de distribuir um fluido, tal como um agente de limpeza ou de tratamento, diretamente de uma garrafa para um bocal instalado num radiador de automóvel. Outras caraterísticas e vantagens da presente invenção serão evidentes a partir da descrição mais detalhada que se segue, em conjunto com os desenhos que a acompanham, que ilustram, a título de exemplo, os princípios da invenção.

2.2 Trabalho de investigação

"Otimização térmica de um permutador de calor assistido por ventilador (radiador) através de melhorias de conceção".

"Prof. D. K. Chavan, Prof. Dr. G. S. Tasgaonkar"

Os permutadores de calor ou radiadores utilizados nos automóveis/motores de combustão interna são rectangulares ou quadrados, mas o ar soprado/sugado através do ventilador é circular, criando zonas de baixa velocidade nos cantos - por isso, propõe-se eliminar os cantos e desenvolver radiadores circulares. O objetivo do trabalho é desenvolver um radiador circular que seja compacto, com um mínimo de material, menos dispendioso e mais eficiente e que funcione com um consumo mínimo de energia do ventilador e com a máxima utilização do fluxo de ar. Propõe-se desenvolver três tipos diferentes de radiadores e comparar os resultados de um radiador retangular e dois circulares. São comparados resultados como a velocidade, o caudal de água e a temperatura em diferentes pontos do radiador. Após a validação do presente conceito através do fabrico real e de cálculos matemáticos, este pode ser utilizado comercialmente para aplicações como radiadores de automóveis, radiadores de motores de combustão interna, permutadores de calor em frigoríficos e aparelhos de ar condicionado, etc.

"Simulação numérica para melhorar a eficiência do radiador através da otimização do fluxo de ar"

"Salvio Chacko, A.K. Agarwal, Dr. Biswadip Shome, D.R. Katkar e Vinod Kumar"

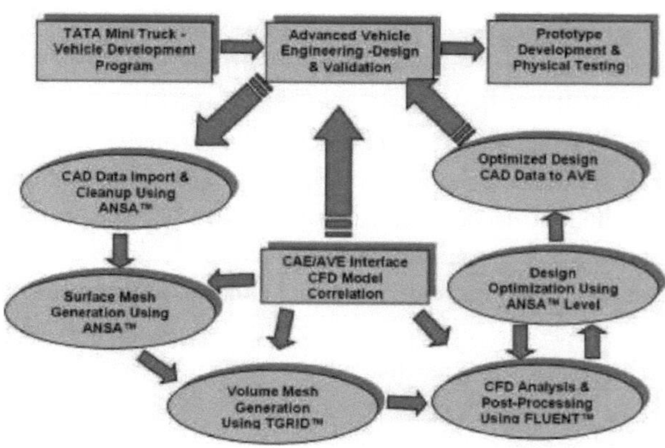

Foi realizada uma otimização apoiada por CFD da cobertura do radiador do mini-camião TATA. Partindo de uma solução de validação da conceção de base, a otimização da cobertura do radiador foi efectuada em quatro iterações de conceção. A análise da configuração final optimizada mostra a eliminação de zonas de recirculação e um aumento de 34% no fluxo através do núcleo do radiador. Este estudo demonstra que uma simulação tridimensional complexa por CFD do fluxo através da parte dianteira de um camião é possível numa vasta gama de condições. As validações que o acompanham mostraram que os resultados são exactos para condições de funcionamento realistas. Isto abre a possibilidade de otimizar a conceção do sistema de arrefecimento numa fase inicial de desenvolvimento. O próximo passo é a inclusão de efeitos de transferência de calor no refrigerador e um acoplamento mais estreito da simulação CFD com a modelação da transferência de calor

"Análise da avaria da pá da ventoinha do radiador de um motor de locomotiva diesel com engenharia inversa"

"Avinash Gudimetla, C V Gopinath, K L Narasimha Murty

O motor de uma locomotiva ferroviária a diesel contém uma ampla ventoinha do radiador (66") cuja principal função é dissipar o excesso de calor do líquido de arrefecimento da camisa do motor. As pás da ventoinha do radiador têm uma forma 3D complexa e são feitas de alumínio fundido. Neste documento, é efectuada uma avaliação optimizada do material da pá para investigar as causas da falha na junção da pá com a flange e para propor um material alternativo adequado para a pá. As análises estática e dinâmica foram efectuadas separadamente. Na ausência de dados de projeto, o método de engenharia inversa pode ser considerado como uma ferramenta importante para a modelação. Neste trabalho, os dados de projeto da pá do radiador são obtidos utilizando a técnica de engenharia inversa. Estes dados são utilizados para criar o modelo sólido da pá do radiador no ANSYS. Um elemento tetraédrico 3D é utilizado para a análise estrutural. As cargas axiais de corte e de binário são aplicadas uniformemente em várias secções transversais da pá, sendo a pá considerada como uma viga em consola. É efectuada uma análise dinâmica em condições de pressão à velocidade máxima do ventilador. São utilizadas diferentes variações de carga e de material para investigar e propor um material adequado para suportar as cargas estruturais e dinâmicas. O material de plástico reforçado com fibras (FRP) foi proposto às autoridades ferroviárias e está atualmente a ser examinado e testado.

"Desempenho dos radiadores para automóveis"
"Pawan S. Amrutkar, Sangram R. Patil".

O sistema de arrefecimento do motor do automóvel trata do excesso de calor gerado durante o funcionamento do motor. Regula a temperatura da superfície do motor para obter uma eficiência óptima. Os recentes avanços no desempenho do motor obrigaram o sistema de arrefecimento do motor a desenvolver novas estratégias para melhorar a eficiência do desempenho. O seu objetivo é também reduzir o consumo de combustível e controlar as emissões do motor para cumprir as normas de poluição. Este artigo destaca os parâmetros que afectam o desempenho do radiador e fornece uma visão geral de algumas das abordagens convencionais e modernas para melhorar o desempenho do radiador.

"Análise e conceção de um radiador de automóvel (permutador de calor), proposto com desenho CAD e modelo geométrico da ventoinha"

"Chavand. K & Tasgaonkar G. S".

O permutador de calor utilizado em unidades de arrefecimento, sistemas de ar condicionado e radiadores em veículos com motores de combustão interna tem uma forma retangular ou quadrada. No entanto, o ar soprado/aspirado pela ventoinha encontra-se numa área circular, criando zonas de baixa velocidade ou de alta temperatura nos cantos.

São analisados vários permutadores/radiadores de calor; o radiador é projetado, são efectuados cálculos, são desenvolvidos desenhos CAD do radiador e um modelo geométrico. A potência consumida pelo ventilador também é analisada. As experiências mostraram que a potência consumida pelo ventilador é de 2 a 5 % da potência gerada pelo motor.

Propõe-se a utilização de permutadores de calor redondos para sistemas de refrigeração e de ar condicionado e para radiadores de automóveis, a fim de maximizar a eficiência. Até à data, não foram realizados trabalhos significativos sobre os permutadores de calor redondos e os radiadores.

"Avaliação do coeficiente de perda para radiadores autónomos" "G. Pillutla, R. Mishra, S. M. Barrans, J. Barrans".

No Reino Unido, o aquecimento doméstico é responsável por cerca de 40% do consumo anual de energia. Para reduzir os custos de aquecimento, é importante dispor de sistemas de aquecimento eficazes e eficientes. Embora existam diferentes tipos de sistemas de aquecimento, os radiadores são os dispositivos de emissão de calor mais populares. A perda de pressão num radiador depende de vários parâmetros de conceção baseados nas condições de escoamento do fluido e na conceção do radiador. Neste documento, o coeficiente de perda é determinado e comparado para as duas configurações mais comuns de radiadores em sistemas de aquecimento doméstico. Estas são as configurações Bottom-Bottom Opposite Ends (BBOE) e Bottom-Top Opposite Ends (BTOE) para um sistema autónomo. Numa conceção de radiador autónomo, o valor K do coeficiente de perda varia com a configuração da placa e o percurso do fluxo nas configurações BBOE e BTOE. Semelhante ao coeficiente de perda num sistema de tubagem, o valor K num sistema de radiador é uma função do número de Reynolds. Verificou-se que os radiadores de placa dupla e simples apresentam um comportamento significativamente diferente para as duas configurações de fluxo, com valores K mais elevados para a configuração BTOE a velocidades mais baixas.

CAPÍTULO 3
CONSTRUÇÃO E FUNCIONAMENTO DE RADIADORES

3.1 Construção do radiador

O núcleo do refrigerador é a peça central do refrigerador e fornece o arrefecimento necessário.

Há uma indicação da diferença entre radiadores de alumínio e radiadores de latão-cobre. O processo de construção é quase idêntico até à montagem dos colectores. É nesta altura que os dois processos de construção divergem.

O procedimento para construir um radiador numa indústria é o seguinte.

1. Matéria-prima

A matéria-prima é o rolo de cobre e o rolo de latão e/ou o rolo de alumínio, consoante as dimensões necessárias para a produção, que se encontram disponíveis no mercado.

2. Produção de barbatanas

Um radiador de automóvel normal está equipado com aletas dispostas com um espaçamento de 14 aletas por polegada. "Aletas" significa que são cortados canais nas aletas para direcionar o fluxo de ar. Embora isto ajude no arrefecimento, por vezes, ter tantas aletas por polegada e canais tão pequenos pode ser problemático.

Em ambientes com muita sujidade no ar, o núcleo do radiador pode ficar entupido, o que obstrui o fluxo de ar e provoca o sobreaquecimento do aparelho. Para contrariar esta situação, as alhetas também podem ser fabricadas numa versão "sem alhetas".

O design sem lâminas elimina as ranhuras cortadas nas grelhas, pelo que não existem pequenos orifícios onde as partículas de sujidade possam ficar presas. Além disso, o número de grelhas por polegada pode ser reduzido para 10 ou mesmo oito grelhas por polegada para criar uma abertura maior através da qual as partículas de sujidade podem escoar. A conceção de oito aletas por polegada é normalmente designada por conceção de confinamento. Uma vez que este design se destina a ambientes mais exigentes, fabricamos todos os nossos núcleos sem aletas a partir dos nossos tubos de alumínio extrudido. Dada a maior resistência do alumínio em comparação com o cobre-latão, isto garante que estes radiadores de alumínio podem suportar muitos abusos.

A máquina de fabrico de alhetas é um tipo de prensa de potência e o processo de fabrico de alhetas é também conhecido como processo de perfuração.

A matriz Power Press muda consoante os requisitos dos radiadores necessários.

O cubo utilizado é o seguinte: -

(1) **Serviço ligeiro**

Trata-se de um molde de prensa eléctrica utilizado para a produção de radiadores leves. Em regra, 3 filas de tubos de 1 aleta podem passar por este tipo de molde.

(2) **Carga pesada**

Trata-se de um molde de prensagem que é utilizado para a produção de radiadores de alto desempenho. Em geral, este tipo de molde permite a passagem de 4 filas de tubos por uma aleta.

(3) **Super-resistente**

Trata-se de um molde de compressão que é utilizado para a produção de radiadores de alta resistência. Regra geral, este tipo de molde permite a passagem de 6 filas de tubos através de 1 aleta.

Fig. 3.1 Aletas do núcleo do radiador

Fig. 3.2 Máquina de fabrico de barbatanas

Fig. 3.3 Adicionar as alhetas a um núcleo de radiador

3. Máquina de fabrico de tubos

Esta máquina faz passar folhas de latão ou de alumínio através de vários rolos, de modo a que estas adquiram a forma de um tubo sobreposto num dos bordos.

O tubo padrão do radiador é um tubo de parede fina que percorre todo o comprimento do núcleo. Quando o radiador está em funcionamento, o líquido de refrigeração flui de depósito para depósito através dos tubos do núcleo, de modo a que o calor seja dissipado através das paredes e das alhetas dos tubos. Existe uma diferença entre os tubos de alumínio e os tubos de cobre-latão. Devido à fragilidade dos tubos de cobre-latão, os tubos padrão têm apenas 9/16 polegadas de largura (normalmente designados por tubos de 1/2 polegada). Podem existir outras larguras de tubos para tubos de cobre-latão, mas 1/2 polegada é a mais comum.

Se os tubos de cobre e latão fossem mais largos, também teriam de ser mais grossos para suportar a pressão adicional do líquido de refrigeração que passa através deles. O resultado seria um radiador extremamente pesado e espesso que seria difícil de utilizar. Devido a esta limitação, um radiador típico de cobre e latão é construído com três ou quatro filas de tubos. Isto significa que um radiador de cobre e latão com três filas terá três tubos de 1/2 polegada um ao lado do outro numa camada de tubos. Isto permite um contacto suficiente entre os tubos e as alhetas para garantir um arrefecimento adequado.

Para efeitos de comparação, os tubos de alumínio padrão têm uma polegada de largura, mas também podem ser fabricados com 1 1/4 de polegada ou 1 1/2 de polegada de largura sem aumentar muito o peso. Um radiador de alumínio normal é fabricado com apenas duas filas de tubos, mas tem mais superfície de contacto com as alhetas do que um radiador de cobre-latão de quatro filas com tubos de 1/2 polegada. Como se perde

A área de superfície adicional aumenta a capacidade de arrefecimento do radiador de alumínio. A área de superfície adicional aumenta a capacidade de arrefecimento do radiador de alumínio. Além disso, os tubos de alumínio podem ser extrudidos para criar um tubo resistente que pode absorver significativamente mais pressão e calor.

4. Montagem dos tubos e das alhetas

Empilhamos camadas alternadas de alhetas e tubos umas sobre as outras. O número de camadas adicionadas depende das dimensões do radiador a construir.

Num radiador de automóvel, podem ser utilizados 50 conjuntos de alhetas e tubos; num radiador industrial, podem ser muitos mais.

5. Adicionar cabeçalho e rodapé

Os colectores têm dois objectivos. Em primeiro lugar, mantêm os tubos e as alhetas firmemente no lugar e, em segundo lugar, fornecem um ponto de montagem para os reservatórios do radiador num radiador normal

Os colectores são martelados com um martelo de borracha e blocos de metal para que os tubos fiquem ligeiramente salientes no coletor. Para garantir que o líquido de refrigeração flui bem através do tubo, as extremidades do tubo são abertas com um rolo. Nesta altura, o núcleo está quase terminado, mas ainda há um último passo importante a dar.

O cabeçalho e o rodapé são iguais na sua conceção. O tanque superior é conhecido como cabeçalho e o tanque inferior é conhecido como rodapé.

6. Brasagem ou soldadura do núcleo/ processo de cozedura

Este passo final depende do material de que o radiador é feito. Os núcleos de cobre e latão devem ser soldados entre si A solda consiste principalmente numa liga de chumbo e estanho. Esta mistura de metais dissimilares (cobre-latão, chumbo e estanho) é a razão da "crosta de solda" que ocorre frequentemente nos radiadores de cobre-latão. Por outro lado, o alumínio pode ser soldado em conjunto, resultando num núcleo 100%

de alumínio.

Na brasagem, duas partes metálicas são unidas através do aquecimento de um metal de enchimento que flui através da junta. É semelhante à soldadura, exceto que o metal de enchimento requer uma temperatura muito mais elevada do que a da solda. Utilizamos um metal de enchimento de liga de alumínio que derrete quando o núcleo do radiador é enviado para o nosso forno. O resultado é um núcleo sólido, totalmente em alumínio, que está pronto para os seus depósitos.

Fig. 3.4 Forno

7. **Ligação dos reservatórios**

Depois de o núcleo ser soldado (alumínio) ou soldado (cobre-latão), pode ser equipado com depósitos e testado antes da colocação em funcionamento. Mais uma vez, embora a construção de um núcleo de radiador seja muito simples, o design pode variar consoante o tipo de aplicação para a qual o radiador será utilizado. As aletas por polegada, o material, as fileiras de tubos e a escolha entre com ou sem aletas podem alterar significativamente o desempenho do radiador em diferentes ambientes.

3.2 RADIADORES EM FUNCIONAMENTO

3.2.1 Como funciona o radiador

Uma bomba de água centrífuga acionada por correia faz circular o líquido de refrigeração através de uma camisa de água que rodeia as câmaras de combustão do motor. O líquido de refrigeração absorve o calor do motor e é depois bombeado através do radiador.

Quando o veículo está em movimento, o ar exterior flui através da grelha do radiador e passa pelos tubos e alhetas de arrefecimento do radiador, extraindo o calor do líquido de arrefecimento. Quando o motor está ao ralenti ou o veículo se desloca lentamente, uma ventoinha acionada pelo motor através da correia trapezoidal/correia dentada ou do conjunto da ventoinha eléctrica fornece um fluxo de ar suficiente. Por vezes, a ventoinha tem um invólucro para extrair o ar através do radiador.

Uma válvula ou termóstato dependente da temperatura na saída do líquido de refrigeração controla o fluxo do líquido de refrigeração, assegura o aquecimento rápido do motor e regula a temperatura do líquido de refrigeração. Quando o líquido de refrigeração está frio, a válvula permanece fechada. Como isto impede que o líquido de refrigeração circule através do radiador, o líquido de refrigeração circula no bloco do motor e aquece rapidamente. Quando a temperatura do líquido de refrigeração aumenta, a válvula abre-se e permite que o líquido de refrigeração flua para o radiador, onde o calor é transferido para o ar ambiente através das paredes do radiador.

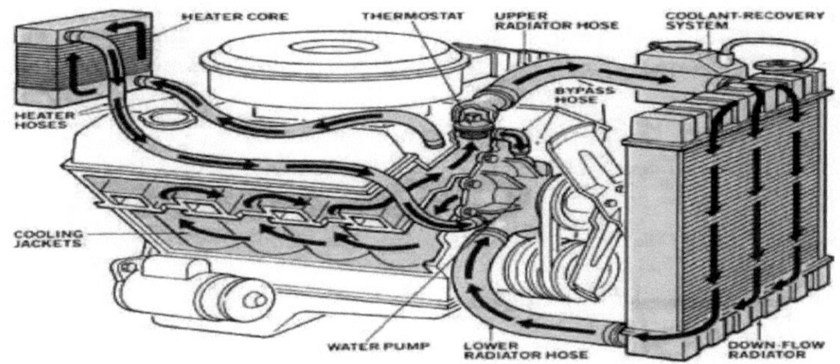

Fig. 3.5 Como funciona o radiador

Mesmo quando o termóstato está fechado, o motor necessita de uma circulação rápida do líquido de refrigeração através da camisa de água para evitar pontos quentes - pequenas áreas que se tornam mais quentes do que o metal circundante. O líquido de arrefecimento é então circulado através de uma derivação, por vezes um pequeno pedaço de mangueira desde a caixa do termóstato até à entrada da bomba de água. Muitos motores modernos têm um bypass incorporado no bloco do motor.

Existe também um circuito separado para o sistema de aquecimento. Este circuito retira o fluido da cabeça do cilindro e passa-o através de um núcleo de aquecimento e depois de volta para a bomba. Nos veículos com transmissão automática, está normalmente também instalado no radiador um circuito separado para arrefecer o fluido da transmissão. O óleo da transmissão é bombeado da transmissão através de um segundo permutador de calor no radiador, como se mostra na Fig. 1.

Quando o aquecedor do veículo está ligado, também funciona como um bypass, retirando o líquido de refrigeração quente do topo da camisa de água e direcionando-o de volta para o lado da admissão da bomba de água. O aquecedor utiliza o calor do líquido de refrigeração do motor para aquecer o ar que entra, pelo que só funciona bem depois de o motor estar aquecido. Nos motores arrefecidos a ar, o calor é dissipado da parte exterior do motor para aquecer o compartimento dos passageiros.

Quando o líquido de refrigeração é aquecido, expande-se. Ao utilizar um sistema de recuperação do líquido de refrigeração, esta expansão do líquido pode transbordar para o depósito de recuperação. Quando o motor arrefece, o volume do líquido de arrefecimento diminui e o vácuo puxa o líquido que transbordou para a garrafa ou recipiente de volta para o radiador. Isto assegura que o radiador não transborda, mas permanece sempre cheio e mantém a capacidade de refrigeração prescrita.

O sistema de arrefecimento também mantém o motor quente. Num dia frio, algumas peças do motor nunca poderiam atingir a temperatura de funcionamento sem o sistema de arrefecimento. Um motor frio é ineficiente. Além disso, os gases de combustão que escapam dos anéis do pistão condensam-se no cárter, onde formam ácidos e lamas que podem ser prejudiciais para as peças vitais do motor. O calor do sistema de arrefecimento ajuda a vaporizar e a remover estes gases de escape.

3.2.2 Ponto de congelação e ponto de ebulição dos líquidos de refrigeração

Água pura: 0 C / 32 F - 100 C / 212 F
Mistura 50/50 de $C_2H_6O_2$/água: -37 C / -35 F - 106 C / 223 F
Mistura 70/30 de $C_2H_6O_2$/água: -55 C / -67 F - 113 C / 235 F

A temperatura do líquido de arrefecimento pode, por vezes, atingir 121 a 135 C (250 a 275 F). Mesmo com a adição de etilenoglicol, estas temperaturas fariam com que o líquido de refrigeração entrasse em ebulição, pelo que é necessário fazer algo adicional para aumentar o ponto de ebulição.

O sistema de arrefecimento utiliza **a pressão** para aumentar ainda mais o ponto de ebulição do líquido de arrefecimento. Tal como a temperatura de ebulição da água é mais elevada numa panela de pressão, a temperatura de ebulição do líquido de refrigeração é mais elevada quando se pressuriza o sistema. A maioria dos automóveis tem um limite de pressão de 14 a 15 libras por polegada quadrada (psi), o que aumenta o ponto de ebulição em mais 25 graus Celsius para permitir que o líquido de refrigeração resista a temperaturas elevadas.

O anticongelante também contém aditivos para proteção contra a corrosão.

3.2.3 Funcionalidade das peças do radiador

1. Bomba de água

Uma bomba centrífuga como a utilizada no seu automóvel. A bomba de água é uma bomba centrífuga simples acionada por uma correia ligada à cambota do motor. A bomba faz circular o fluido quando o motor está a funcionar.

A bomba de água utiliza a força centrífuga para deslocar o fluido para o exterior à medida que roda, retirando constantemente fluido do centro. A entrada da bomba está localizada perto do centro, de modo a que o líquido que flui do refrigerador atinja as pás da bomba. As palhetas da bomba atiram o líquido para o exterior da bomba, onde pode entrar no motor.

O fluido que sai da bomba passa primeiro pelo bloco do motor e pela cabeça do cilindro, depois pelo radiador e, finalmente, regressa à bomba.

2. Tampa de pressão do radiador

A tampa do radiador aumenta o ponto de ebulição do líquido de arrefecimento em cerca de 25 graus centígrados (45 F). O tampão é, na realidade, uma válvula de libertação de pressão que está normalmente regulada para 15 psi nos automóveis. O ponto de ebulição da água aumenta quando a água é pressurizada.

Quando o líquido do sistema de refrigeração aquece, expande-se, o que aumenta a pressão. A tampa é o único sítio onde esta pressão pode sair. Por conseguinte, a regulação da mola na tampa determina a pressão máxima no sistema de arrefecimento. Quando a pressão atinge 15 psi, a pressão força a abertura da válvula, permitindo que o líquido de refrigeração saia do sistema de refrigeração. Este líquido de refrigeração flui através do tubo de transbordo para o fundo do depósito de transbordo. Esta disposição mantém o ar fora do sistema. Quando o radiador volta a arrefecer, é criado vácuo no sistema de arrefecimento, o que abre outra válvula com mola e volta a aspirar água do fundo do depósito de transbordo para substituir a água que se escapou.

3. Termostato

A principal tarefa do termóstato é aquecer rapidamente o motor e depois mantê-lo a uma temperatura constante. Para o efeito, regula a quantidade de água que passa pelo radiador. A baixas temperaturas, a saída do radiador é completamente bloqueada e todo o líquido de arrefecimento é devolvido ao motor e, assim que a temperatura do líquido de arrefecimento sobe para 82 - 91 C (180 - 195 F), o termóstato começa a abrir e permite que o fluido flua através do radiador. Quando o líquido de arrefecimento atinge uma temperatura de 93 - 103 C (200 - 218 F), o termóstato está totalmente aberto. O segredo do termóstato reside no pequeno cilindro localizado no lado do motor do dispositivo. Este cilindro está cheio com uma cera que começa a derreter a cerca de 180 F. Uma haste ligada à válvula pressiona esta cera. Quando a cera derrete, expande-se

Isto empurra a vareta para fora do cilindro e abre a válvula. A cera expande-se apenas um pouco mais, porque não só se expande devido ao calor, como também passa do estado sólido para o estado líquido.

A mesma tecnologia é utilizada para os dispositivos de abertura automática das aberturas das estufas e das clarabóias. Com estes dispositivos, a cera derrete a uma temperatura mais baixa.

4. Ventoinha do radiador

Tal como o termóstato, a ventoinha de arrefecimento também tem de ser controlada para que o motor possa manter uma temperatura constante.

Os veículos com tração dianteira têm **ventoinhas eléctricas** porque o motor está normalmente instalado transversalmente, ou seja, a saída do motor aponta para o lado do veículo. As ventoinhas são controladas por um termóstato ou pelo computador do motor e ligam-se quando a temperatura do líquido de refrigeração ultrapassa um determinado valor. Desligam-se novamente quando a temperatura desce abaixo deste ponto.

Os veículos com tração traseira e um motor longitudinal têm normalmente ventoinhas do radiador acionadas pelo motor. Estas ventoinhas estão equipadas com um acoplamento viscoso controlado termostaticamente. Esta embraiagem está localizada no cubo da ventoinha, na corrente de ar que flui através do radiador. Este acoplamento viscoso especial é semelhante ao acoplamento viscoso que se encontra por vezes nos veículos com tração às quatro rodas.

CAPÍTULO 4

AVALIAÇÃO DOS RADIADORES EXISTENTES

Núcleos de radiadores existentes

Fig. 4.1 Núcleo do radiador em latão-cobre

Fig. 4.2 Núcleo do radiador em alumínio

FASE-1

Noções básicas sobre radiadores

Os radiadores são permutadores de calor água-ar, ou seja, recebem água quente ou líquido de refrigeração e transferem o calor para o ar. Para este efeito, um radiador médio é constituído pelos seguintes componentes:

Depósitos - armazenam o líquido de refrigeração e alimentam o radiador

Cabeçalhos - o depósito é montado no núcleo.

Núcleo - uma série de tubos e alhetas alternados que facilitam a troca de calor com o ar.

Quando o líquido de arrefecimento passa pelo radiador, flui através dos tubos no núcleo e o calor é transferido do líquido de arrefecimento para as paredes metálicas do tubo mais frio, depois para as alhetas e para o ar. As alhetas proporcionam uma área de superfície adicional para a dissipação de calor, mas também podem impedir o fluxo de ar se estiverem demasiado apertadas. Os tubos mais largos também proporcionam uma maior superfície de contacto para as aletas, permitindo que mais calor seja dissipado do líquido de arrefecimento. De tudo isto, é evidente que os factores mais importantes para a funcionalidade de um radiador são os seguintes:

Largura do tubo

Barbatanas por polegada (FPI)

^Fluxo de ar

Com base nisto, o radiador ideal utilizaria tubos largos com FPI suficiente para facilitar a transferência de calor sem restringir o fluxo de ar. O radiador médio é composto por duas, três ou quatro filas de tubos.

O radiador é mais eficiente quando é construído com tubos largos e alhetas por polegada (FPI) suficientes para maximizar a área de superfície sem comprometer o fluxo de ar.

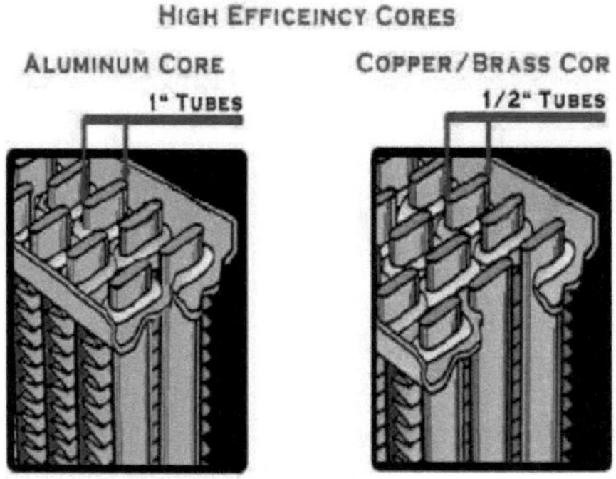

HIGH EFFICEINCY CORES
ALUMINUM CORE
1" TUBES
COPPER/BRASS COR
1/2" TUBES

Fig. 4.3 Núcleo comprimido

A tubagem de latão utilizada num radiador típico tem 1/2 polegada de largura, enquanto a tubagem de alumínio típica tem 1 polegada de largura (e pode ser alargada). Os tubos de cobre e latão são tão macios que, se os tornarmos mais largos, temos de aumentar a espessura das paredes do tubo ao ponto de o núcleo do radiador pesar quase três vezes mais do que o normal.

ALUMINUM
2 Row Large Tubes
A = Fin to Tube Contact Area
B = No Contact, Lost Cooing Area
COPPER/BRASS
4 Row Small Tubes

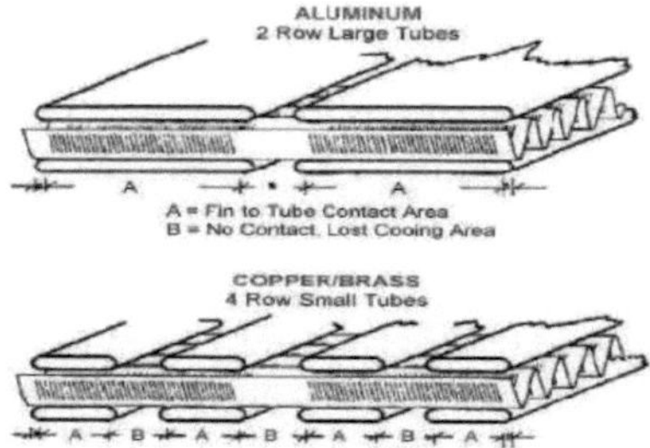

Fig. 4.4 Compressão do tamanho do tubo de radiadores de alumínio e cobre-latão

Se a espessura da parede tiver de ser aumentada, o sistema de arrefecimento será pressurizado à medida que aquece para aumentar o ponto de ebulição do líquido de arrefecimento e permitir-lhe absorver o calor adicional do motor. O latão-cobre não consegue suportar a pressão adicional em tubos maiores sem paredes mais espessas. Assim, um tubo mais largo significa uma parede mais espessa e um aumento significativo do peso do latão-cobre. Por outro lado, os tubos de alumínio podem ser mais largos, ter paredes mais espessas e ainda assim pesar significativamente menos do que o equivalente em latão-cobre (entre 40% e 60% mais leve). Além disso, os tubos mais largos permitem uma maior superfície de contacto com as alhetas, o que melhora o desempenho de arrefecimento do radiador.

Os radiadores de alumínio normais são fabricados com apenas duas filas de tubos de 1 polegada, mas o radiador de cobre-latão equivalente tem de ser fabricado com quatro filas de tubos, uma vez que está limitado ao tubo mais pequeno. Uma vez que é necessário deixar algum espaço entre os tubos por razões de fluxo de ar, o radiador de cobre-latão com quatro filas é também mais espesso do que o radiador de alumínio com duas filas.

É um facto que "o cobre conduz melhor o calor do que o alumínio". Assim, entre os dois metais, o cobre tem a melhor condutividade térmica. Um radiador de cobre-latão não é apenas feito de cobre, o que torna o processo de transferência de calor mais difícil.

Propriedades de transferência de calor do alumínio e do cobre-latão

Um radiador em liga de alumínio é uma construção metálica mais uniforme do que um radiador em latão-cobre. Isto deve-se à forma como o núcleo do radiador e os colectores são montados.

Os núcleos e as bases de alumínio são fundidos num processo conhecido como brasagem para criar uma única unidade.

Os núcleos e cabeçalhos de cobre-latão são ligados com solda feita de diferentes metais.

O processo de soldadura de alumínio produz uma unidade feita de alumínio que assegura uma condução uniforme do calor. Em comparação, a solda utilizada para unir cobre e latão é normalmente uma solda de chumbo-estanho, que não transfere o calor tão bem como a solda de cobre-latão. Isto isola efetivamente as áreas do radiador de cobre e latão e retarda o processo de transferência de calor.

Houve tentativas de desenvolver um processo de brasagem para cobre-latão, mas eram todas demasiado caras para serem práticas. Assim, resta-nos um radiador de alumínio de duas filas e um radiador de quatro filas feito de cobre-latão/chumbo e estanho.

Como os tubos de alumínio mais largos têm uma maior superfície de contacto com as aletas, podem conduzir o calor de forma mais eficiente do que os tubos de cobre e latão. Os tubos de latão e as aletas de cobre têm um contacto significativamente menor devido à distância entre eles e às arestas curvas dos tubos. Assim, embora o cobre conduza melhor o calor do que o alumínio, ambos podem

Se considerarmos todos estes factores em conjunto, o resultado final é que tanto um radiador de alumínio de duas filas como um radiador de latão-cobre de quatro filas têm aproximadamente a mesma capacidade de arrefecimento. À medida que o núcleo do radiador fica mais espesso, o fluxo de ar através do núcleo torna-se mais difícil. Um radiador não pode arrefecer um motor se não houver fluxo de ar, e o ar seguirá sempre o caminho de menor resistência. Independentemente do material utilizado, um radiador mais espesso é sempre mais difícil de atravessar.

Quadro 4.1

Aluminum Construction	**Copper-Brass Construction**
Weaker metal	Stronger metal
Pure Copper metal has better heat transfer capability	Pure Aluminum metal has less heat transfer capability
Core and headers are soldered together, reducing heat transfer capability	Core and headers are brazed as one solid piece, allowing uniform heat transfer
Smaller tubes means less contact with fins and reduces heat transfer	Wider tubes provide better contact with fins for better heat transfer
Core is thicker, which can impede air flow	Core is thinner, allowing better air flow
Weighs more	Lower weight

Se um radiador pudesse ser feito inteiramente de latão-cobre sem solda e com tubos mais largos, o seu desempenho de arrefecimento seria muito melhor do que o do alumínio, mas o peso continuaria a ser um grande problema... Além disso, radiadores equivalentes de alumínio e de latão-cobre oferecem um desempenho de arrefecimento semelhante, sendo o radiador de alumínio mais fino e mais leve.

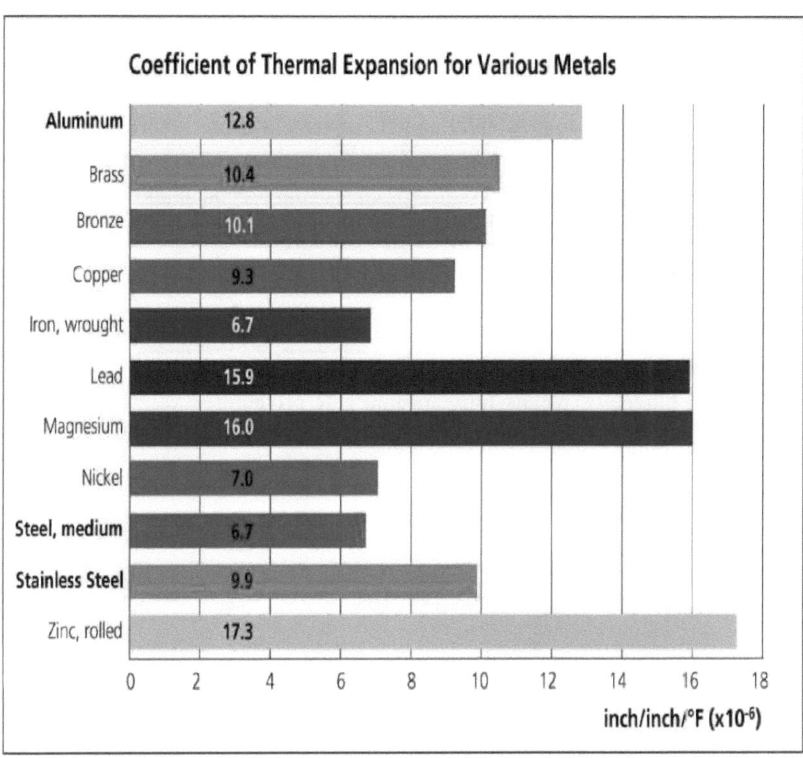

Fig.4.5 Diagrama do coeficiente de expansão térmica para vários metais

FASE-2

Corrosão

Quando os veículos circulam em estradas salgadas durante o inverno, devem ter um cuidado especial com os seus radiadores. O sal favorece a oxidação do metal, o que conduz à ferrugem.

Embora ambos os tipos de radiadores sejam afectados pelo sal, também formam a sua própria pele protetora de óxido ou, digamos, uma camada fina. Esta pele ou camada fina de corrosão impede a continuação da corrosão. Forma-se espontaneamente quando o metal é exposto ao ar. Uma pequena diferença entre as duas peles é o facto de a pele do alumínio ser transparente e

não afecta o aspeto do radiador, ao passo que o cobre se torna primeiro vermelho-acastanhado e depois verde. Como a cor verde do cobre é considerada pouco atractiva, os radiadores de cobre e latão são tradicionalmente pintados. Dependendo do tipo de cor utilizada, isto pode afetar a capacidade de transferência de calor do radiador. Existe uma grande diferença entre a espessura destas peles.

Deve ser utilizado o tipo correto de anticongelante e água destilada. O anticongelante contém muitos aditivos diferentes que ajudam a manter o sistema de arrefecimento limpo, a manter o nível de pH correto e a evitar a corrosão. Uma nota rápida sobre o anticongelante: nunca misture anticongelantes diferentes e certifique-se de que utiliza o anticongelante para o qual o seu sistema foi concebido.

Estes tipos de radiadores são destruídos por ambientes salgados, desenvolvem a sua própria pele protetora oxidada e necessitam de água destilada e do anticongelante correto.

Suscetibilidade à corrosão

Embora ambos os metais formem uma pele protetora, a camada protetora de óxido que se forma no alumínio é impressionantemente forte. Embora a camada seja extremamente fina [cerca de 1 nanómetro], é impermeável [ou seja, os líquidos não conseguem penetrá-la] e adere firmemente ao metal de base. Se a camada de óxido for raspada, pode ser reparada imediatamente na maioria dos ambientes.

Uma vez que o alumínio é tão resistente à corrosão, é adicionado às ligas de latão para as tornar mais fortes e mais resistentes à corrosão.

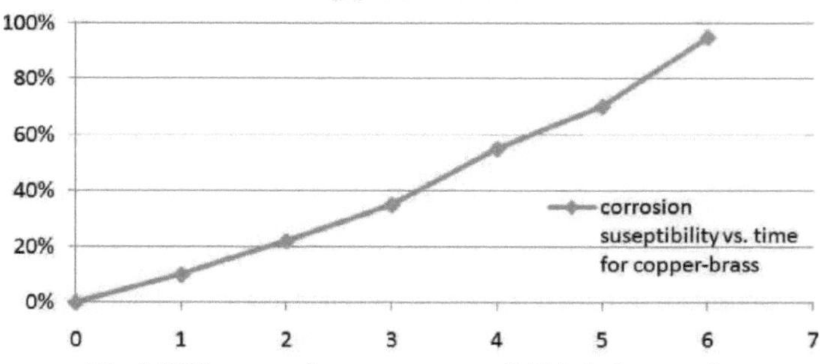

Fig.4.6 Diagrama de anos vs. suscetibilidade à corrosão

Corrosão galvânica

A corrosão galvânica ocorre quando um metal anódico entra em contacto com um metal catódico através de uma solução electrolítica. O metal do ânodo dissolve-se e acumula-se no metal do cátodo, criando uma carga eléctrica e destruindo o metal do ânodo. É assim que funciona uma bateria, mas é bastante destrutivo para um sistema de refrigeração. O líquido de arrefecimento pode atuar como uma solução electrolítica, especialmente se for utilizada água da torneira em vez de água destilada e se o anticongelante não for substituído nos intervalos corretos. Os aditivos do anticongelante que protegem contra a corrosão são decompostos, razão pela qual o anticongelante tem de ser mudado regularmente.

A corrosão galvânica requer metais dissimilares. Um radiador de cobre e latão contém cobre, latão e uma solda de chumbo-estanho. Esta solda torna um radiador de cobre e latão mais suscetível à corrosão galvânica do que o de alumínio. Como os veículos e peças modernos são concebidos para componentes de alumínio, o risco de corrosão galvânica é significativamente menor com um radiador de alumínio.

Devido aos muitos metais diferentes num radiador de cobre e latão, o risco de corrosão num sistema de arrefecimento aumenta consideravelmente. Mesmo que não seja o próprio radiador a corroer-se, pode provocar a corrosão de outros componentes metálicos do sistema. Combinado com o facto de a maioria dos veículos e peças serem feitos de alumínio, o risco de corrosão é menor com um radiador de alumínio do que com um radiador de cobre e latão.

Quadro 4.2

Aluminum	Copper-Brass
Radiator is all aluminum thanks to the brazing process, which reduces the risk of corrosion.	Radiator is composed of dissimilar metals due to the solder, which increases risk of corrosion.
Protective oxide layer is highly resistant to corrosion and self repairing. Aluminum is added to many alloys to enhance corrosion resistance.	Protective oxide layer is not as resilient as aluminum's, thus aluminum is often added to some brass alloys to improve corrosion resistance.
modern vehicles are designed for aluminum parts, reducing the risk of galvanic corrosion	Most modern vehicles are not designed for copper-brass, increasing the risk of galvanic corrosion.

FASE 3

Resumo do preço e da manutenção

Existem muitos tipos de radiadores no mercado, mas os radiadores de alumínio são mais baratos do que os seus equivalentes de cobre e latão, uma vez que o metal de alumínio é mais barato.

Negligenciar o líquido de refrigeração: a causa mais comum de avarias no radiador

Tal como o radiador, o líquido de refrigeração também precisa de ser mudado regularmente. Os inibidores de corrosão e outros aditivos que são adicionados ao líquido de refrigeração degradam-se com o tempo. O facto de o motor continuar a funcionar sem sobreaquecer não significa que o líquido de refrigeração esteja em boas condições. Mude o líquido de arrefecimento nos intervalos recomendados e utilize sempre líquido de arrefecimento novo quando substituir o radiador para evitar uma avaria prematura do radiador. Não se pode avaliar o líquido de arrefecimento pela cor, uma vez que os aditivos químicos se degradam sem alterar a cor. Ambos os tipos de radiadores serão destruídos se o líquido de arrefecimento não for mantido.

Mudar o líquido de refrigeração nos intervalos recomendados

Os radiadores novos devem receber líquido de arrefecimento novo para evitar a corrosão acelerada.

Utilizar uma mistura 50/50 ou 60/40 de anticongelante e água destilada, conforme necessário.

Lave regularmente o sistema de refrigeração com água destilada para remover todo o líquido de refrigeração usado.

Anticongelante

Nunca misturar diferentes tipos de anticongelante e não confiar na cor como único indicador do tipo de anticongelante.

Ao atestar o nível do líquido de refrigeração, deve utilizar sempre uma mistura 50/50 em vez de apenas água.

Água destilada vs. água da torneira

Utilize sempre água destilada para atestar o líquido de refrigeração. Se for utilizado anticongelante pré-misturado como líquido de arrefecimento no radiador, não há problema, mas se o líquido de arrefecimento for misturado com água da torneira, isto é muito importante.

A água da torneira contém muitos químicos e minerais diferentes que podem ter um efeito prejudicial no seu radiador. Os minerais, em particular, podem acelerar a corrosão galvânica, enquanto os químicos podem alterar o valor do pH do líquido de refrigeração ou afetar os aditivos anticongelantes.

O alumínio é geralmente mais afetado pela água da torneira do que o cobre-latão. Isto deve-se ao facto de o alumínio ser mais reativo à água e ser menos nobre do que a maioria dos outros metais. Por este motivo, os radiadores de alumínio podem apresentar fugas. Este é um bom indicador de que está a ocorrer corrosão no interior do radiador.

Em comparação, o cobre é um metal muito nobre, pelo que não se decompõe como o alumínio; no entanto, os outros minerais presentes na água da torneira podem decompor-se e acumular-se no cobre, bloqueando o fluxo do líquido de refrigeração. Como o cobre-latão é muito mais fraco do que o alumínio, uma obstrução excessiva pode aumentar tanto a pressão que as paredes do tubo no núcleo se partem. Isto pode, naturalmente, levar a que o núcleo do radiador ou todo o radiador tenha de ser substituído.

Embora o alumínio possa ter uma desvantagem maior do que o cobre-latão no que diz respeito à água da torneira, é importante para os radiadores de alumínio que a água da torneira nunca seja utilizada com radiadores de alumínio. Se for necessário numa emergência, substitua-a por uma mistura com água destilada o mais rapidamente possível.

Reparação de radiadores

Mesmo um radiador bem conservado pode apresentar uma fuga. As razões para as fugas no radiador são o calor, a pressão, as vibrações do veículo e o desgaste geral. Os radiadores de alumínio e de latão são reparados de formas diferentes.

Reparação de radiadores de alumínio

Existem algumas desvantagens na reparação de radiadores de alumínio. A reparação de radiadores de alumínio requer soldadura, e muitos mecânicos comuns não são capazes de o fazer. Mas há um problema ainda maior quando se tenta reparar radiadores de alumínio. Não se recomenda a reparação de radiadores de alumínio porque a principal razão para a falha do alumínio é

é a fadiga do metal. O latão-cobre também pode falhar devido à fadiga do metal, mas como é um metal mais fraco, tende a falhar de forma mais catastrófica do que o alumínio.

Quanto mais uma peça de metal é maquinada, mais fraca se torna. Isto não é diferente com um radiador metálico de alumínio. Devido à acumulação de calor e pressão durante o funcionamento do veículo e ao arrefecimento e despressurização subsequentes quando o veículo está estacionado, as paredes metálicas do radiador expandem-se e contraem-se ligeiramente de forma repetida. Este processo contínuo leva à fadiga do metal até este começar a partir-se. A corrosão também acelera este processo.

O problema de remendar um radiador de alumínio é que apenas a área visivelmente danificada é reparada, mas a área circundante também está fatigada e pode falhar a qualquer momento. Em vez de remendar um radiador de alumínio com fugas, é mais fiável voltar a colocar o núcleo, reutilizando os tanques existentes e colocando-os num novo núcleo. Esta é a única forma de eliminar todos os pontos fracos de um radiador de alumínio com fugas.

Reparação de radiadores de cobre e latão

Uma vez que a solda é processada a temperaturas relativamente baixas, é fácil colocar mais solda sobre a fuga. Muitos mecânicos conseguem fazer isto e reparar o radiador rapidamente. O maior problema com isto é o facto de a solda estar constantemente a desgastar-se devido ao seu baixo ponto de fusão. O calor libertado pelo radiador também afecta a solda. Mesmo as fugas que ocorrem nas costuras podem ser facilmente reparadas,

Outra indicação dos aquecedores de cobre-latão e da solda é o problema da "formação de juntas de solda". Os metais chumbo e estanho na solda são menos nobres do que o metal cobre-latão; por conseguinte, decompõem-se e acumulam-se à volta dos tubos de latão no interior dos reservatórios. Isto resulta num depósito branco e calcário à volta dos tubos e é conhecido como "solder bloom". O ponto fraco do cobre-latão são as costuras de solda entre o coletor e os tubos no núcleo do radiador. Para além do facto de se tratar de corrosão galvânica no radiador, pedaços do bloco de solda podem soltar-se devido a vibrações e causar bloqueios no interior dos tubos. Tal como outras formas de corrosão no radiador, esta pode ser minimizada através da manutenção regular do anticongelante, mas continua a ser um problema grave.

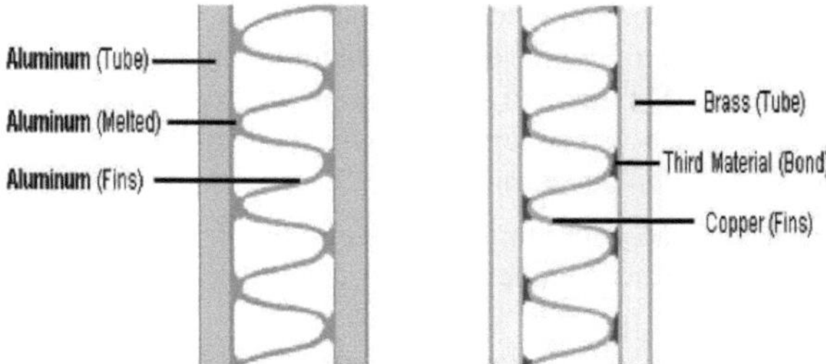

Fig.4.7 Soldar alumínio e latão-cobre em radiadores

Preço

Embora existam muitas diferenças entre a vida útil dos radiadores de alumínio e de latão de cobre, a principal razão para a falha do radiador é a negligência do líquido de refrigeração. Ambos os tipos de radiadores encurtarão a sua vida útil e acabarão por falhar se o líquido de refrigeração não for mantido regularmente. Do mesmo modo, ambos os tipos de radiadores podem durar muitos anos com uma manutenção adequada.

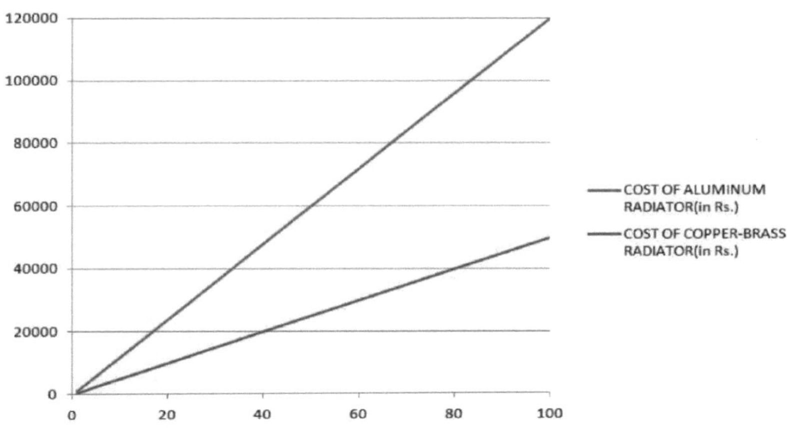

Fig.4.8 Comparação do preço dos radiadores [em Rs. por kg]

Quadro 4.3

Aluminum Radiator	Copper-Brass Radiator
Less expensive than equivalent copper-brass	Up to double the price of the aluminum version
Stronger, more durable metal	Softer, less durable metal
Average life span : 7 – 12 years	Average life span for : 6 – 11 years
More resistant to corrosion	More susceptible to corrosion
Repair requires welding skill and is not a guaranteed fix	Solder is easily repaired but may need recurring repairs

Análise de valor

Um tipo específico de radiador de camião custa cerca de 30000 rupias. As razões para este custo elevado são evidenciadas através da proposta de uma análise de valor PORQUÊ-PORQUÊ da seguinte forma

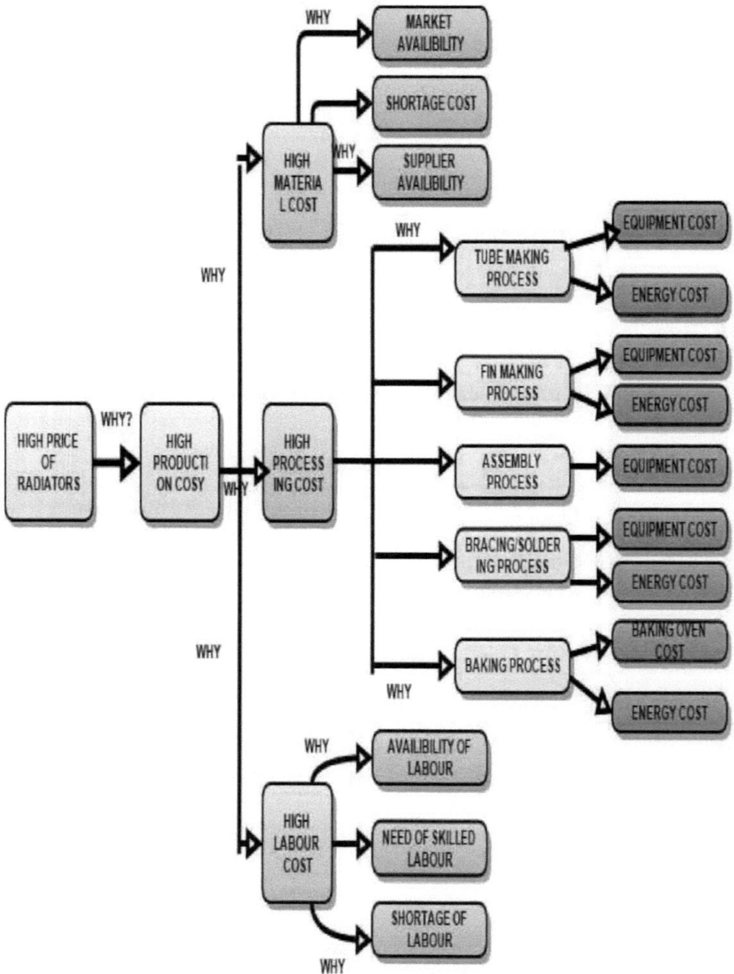

Fig.4.9 Factores que influenciam os custos no processo de fabrico de radiadores

FASE 4

Tempo de vida

A vida útil média dos radiadores de alumínio é de 7 a 12 anos e a dos radiadores de cobre e latão é de 6 a 11 anos.

Aluminum Radiator	Copper-Brass Radiator
All aluminum – less risk of corrosion	Mixed metals – more risk of corrosion
Stronger metal – more resistant to pressure and damage	Weaker metal – more susceptible to pressure and damage
Lighter weight – less strain on mounting points	Higher weight – more strain on mounting points
Uniform heat transfer – no solder to inhibit transfer	Heat sensitive seams – solder has low melting point and inhibits heat transfer

Quadro 4.4

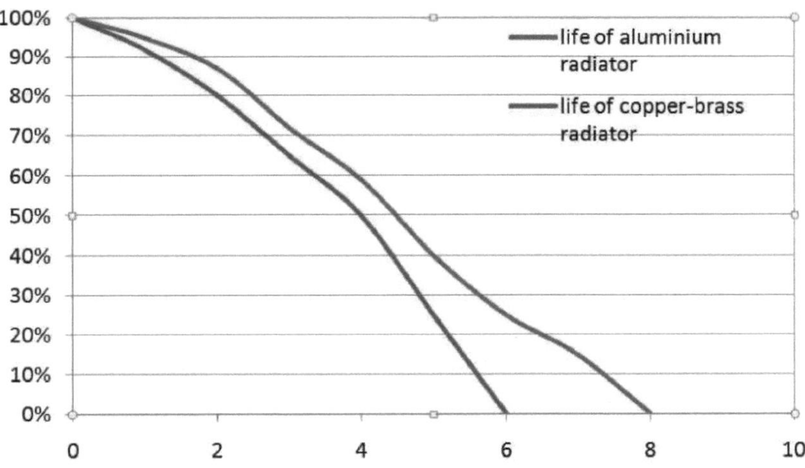

Fig.4.10 Vida útil do radiador em função do tempo

CAPÍTULO 5

EFEITOS PROPOSTOS DE DIFERENTES PARÂMETROS NO DESEMPENHO

MELHORIA

A solução para aumentar a potência do radiador pode ser obtida de uma das seguintes formas.

(1) UTILIZAÇÃO DE NANO-LÍQUIDO COMO LÍQUIDO DE ARREFECIMENTO NO RADIADOR

Atualmente, está em curso uma investigação de alto nível sobre o desenvolvimento de nano-líquidos como refrigerantes para radiadores.
Nano-fluidos como
Nanopós de TiO2 e SiO2, suspensos em água pura
Nano-líquido CuO-água
Óxido de alumínio (Al2O3) e dióxido de titânio (TiO2) como nanocolantes (NC)
Encontram-se numa fase avançada de investigação e desenvolvimento, a fim de obter uma melhor transferência de calor e um melhor desempenho do radiador.
Em geral, a análise CFD (Computational Fluid Dynamics) para diferentes tipos de nanofluidos é efectuada no ANSYS.

(2) MELHORIA DOS PARÂMETROS DE CONCEPÇÃO

Ao melhorar os actuais parâmetros de conceção, podemos obter um melhor desempenho.
Propomos duas soluções.

i. **Ao aumentar a área de superfície para a transferência de calor**
Sugerimos,
Uma construção de tubo diferente da construção de tubo retangular convencional.
Utilizando um tubo hexagonal (que é equilátero) em comparação com um tubo retangular,

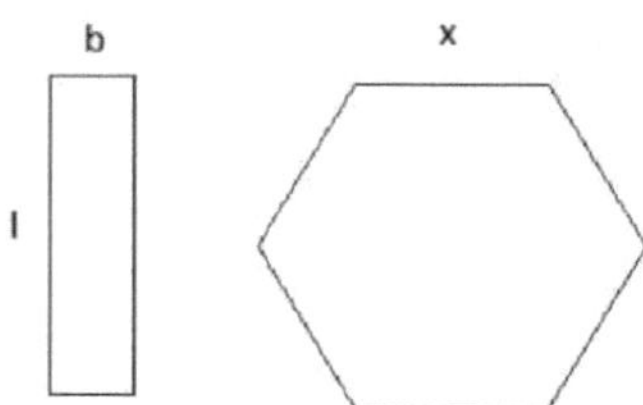

A superfície pode ser alargada.

Onde,

l= comprimento do tubo
b=largura do tubo
x= comprimento equilátero do hexágono

Num tubo hexagonal, podemos assim aumentar o número de superfícies de contacto, o que nos permite aumentar a superfície de um único tubo.

Isto leva a uma maior transferência de calor com um menor número de tubos. O resultado é um radiador compacto que cumpre os requisitos do automóvel.

ii. **Ao aumentar o número de passagens**

Vamos assumir que o número de vezes que o refrigerante passa pelo tubo é 1.

Transferência de calor = transferência de calor x número de passagens

= transferência de calor x 1

Com um número de n passagens

Transferência de calor = n x transferência de calor

Assim, se aumentarmos o número de passagens, podemos aumentar a transferência de calor n vezes.

(3) PRÉ-ARREFECIMENTO DO AR

Como no caso das caldeiras,
O calor residual dos gases de combustão pode ser utilizado para pré-aquecer o ar fornecido para queimar o combustível.
Isto reduz a temperatura do gás de combustão para 20 a 25 C e a eficiência da caldeira pode ser aumentada em 1%.

De acordo com este conceito, propomos o pré-arrefecimento do ar
Isto é conseguido através da utilização do Husk. O Husk tem a propriedade inata de absorver a própria água. Quando o ar flui através dele, proporciona uma corrente de ar de arrefecimento no radiador.

Assim, ao baixar a temperatura do ar, obtém-se um melhor desempenho.

(4) POR ANÁLISE INFORMÁTICA DO SISTEMA ACTUAL

Nesta fase, o sistema atual do radiador é analisado com recurso a um programa informático adequado, como o ANSYS.

Propomos efetuar a análise em ANSYS para determinar o âmbito das melhorias em termos de propriedades dos materiais, conceção, fluxo do líquido de refrigeração, etc.

Depois de efetuar a análise, podemos implementar os resultados nos radiadores para obter um melhor desempenho.

CAPÍTULO 6

RESULTADO

Por último, o estudo iterativo dos radiadores de alumínio e de latão-cobre mostra que os radiadores de alumínio permitem uma melhor transferência de calor e um melhor arrefecimento do motor, o que, em última análise, se traduz em custos mais elevados. Enquanto que os radiadores de latão-cobre permitem uma menor transferência de calor e um menor arrefecimento, o que tem um efeito positivo nos custos.

Por conseguinte, a seleção deve ser feita tendo em conta os requisitos.

Atualmente, estão a ser feitos esforços em todas as áreas para melhorar a qualidade dos veículos a motor. É por isso que as empresas preferem geralmente escolher radiadores de alumínio para o arrefecimento do motor.

REFERÊNCIAS

1. Yunus A. Cengel, "Fundamentals of heat and mass transfer", 2.ª edição
2. D. S. Kumar, "Fundamentals of heat and mass transfer" (Fundamentos da transferência de calor e massa)
3. Prof. D. K. Chavan, Prof. Dr. G. S. Tasgaonkar, "Thermal optimisation of fan-assisted heat exchangers (radiators) through design improvements" (Otimização térmica de permutadores de calor assistidos por ventilador (radiadores) através de melhorias na conceção).
4. Salvio Chacko, A.K. Agarwal, Dr. Biswadip Shome, D.R. Katkar e Vinod Kumar, "Numerical simulation to improve cooling efficiency by optimising air flow" (Simulação numérica para melhorar a eficiência do arrefecimento através da otimização do fluxo de ar).
5. Avinash Gudimetla, C V Gopinath, K L Narasimha Murty, "Failure analysis of radiator fan blade of diesel locomotive engine using reverse engineering" (Análise de avarias da pá da ventoinha do radiador de um motor de locomotiva diesel utilizando engenharia inversa).
6. Pawan S. Amrutkar, Sangram R. Patil, "Performance of automotive radiators" (Desempenho dos radiadores para automóveis)
7. Chavand. K. & Tasgaonkar G. S., "Análise e projeto de um radiador de automóvel (permutador de calor) proposto com desenho CAD e modelo geométrico da ventoinha"

Índice

Printed by Books on Demand GmbH, Norderstedt / Germany